河南省高校科技创新团队和创新人才支持计划项目（17HASTIT032）
河南省创新型科技团队支持计划项目（CXTD2017088）
河南省矿产资源绿色高效开采与综合利用重点实验室资助项目
煤炭安全生产河南省协同创新中心资助项目

厚煤层综采工作面
空巷综合治理技术及应用

王成　王俊杰　熊祖强　著

Houmeiceng
Zongcai Gongzuomian

Konghang Zonghe Zhili Jishu Ji Yingyong

中国矿业大学出版社

内 容 简 介

本书主要内容包括国内外关于综采工作面传统过空巷技术和新型过空巷技术的研究现状,厚煤层空巷的分类及处理方法,同种材料体系使用不同技术路径的三种材料,大断面沿底空巷充填支柱支撑技术,沿顶完整空巷充填治理技术,冒落空巷注浆加固技术,厚煤层沿底完整空巷、沿顶完整空巷和冒落空巷工业性试验及效果分析。所述内容具先进性和实用性。

本书可供从事采矿工程及相关专业的科研及工程技术人员参考使用。

图书在版编目(CIP)数据

厚煤层综采工作面空巷综合治理技术及应用/王成,王俊杰,熊祖强著. —徐州:中国矿业大学出版社,2018.9

ISBN 978 - 7 - 5646 - 4127 - 6

Ⅰ. ①厚… Ⅱ. ①王… ②王… ③熊… Ⅲ. ①厚煤层—综采工作面—巷道支护—研究 Ⅳ. ①TD822

中国版本图书馆 CIP 数据核字(2018)第 223787 号

书　　名	厚煤层综采工作面空巷综合治理技术及应用
著　　者	王　成　王俊杰　熊祖强
责任编辑	王美柱
出版发行	中国矿业大学出版社有限责任公司
	(江苏省徐州市解放南路　邮编 221008)
营销热线	(0516)83885307　83884995
出版服务	(0516)83885767　83884920
网　　址	http://www.cumtp.com　E-mail:cumtpvip@cumtp.com
印　　刷	江苏淮阴新华印刷厂
开　　本	787×1092　1/16　印张 11　字数 303 千字
版次印次	2018 年 9 月第 1 版　2018 年 9 月第 1 次印刷
定　　价	38.00 元

(图书出现印装质量问题,本社负责调换)

前　言

我国 5 m 以上厚煤层产量约占原煤总产量的 35%，厚煤层综采安全高效开采是我国能源供给的重要保障，但厚煤层综采普遍遇到成因复杂的空巷，面临风险高、推进缓慢、丢煤多、成本高、施工工序复杂等问题，给厚煤层综采面高产高效安全节约开采带来严峻的挑战。因此，开展厚煤层空巷综合治理技术研究具有极其重要意义和现实的必要性。本书综合分析了厚煤层空巷形成机理与特征，首次划分了厚煤层空巷类型，提出了多技术途径的综合治理思路，研发了与之匹配的新型充填支柱材料和新型双液注浆材料，攻克了破碎区钻孔成孔难题，设计了循环钻进分次成孔钻孔工艺，建立了配套的充填和注浆制浆系统，形成了集大断面沿底完整空巷充填支柱支撑技术、沿顶完整空巷充填技术、冒落空巷注浆加固技术、新型充填支柱材料、新型双液注浆材料、充填系统、制浆工艺于一体的厚煤层综采工作面空巷综合治理技术体系，从整体上通盘考虑厚煤层不同空巷综合治理问题，安全性好、可靠性高、适应性强，推广应用范围广，系统地解决了厚煤层沿底完整空巷、沿顶完整空巷、冒落空巷治理难题，实现了厚煤层综采工作面过空巷安全高效生产，有力地推动了煤炭行业科技进步，取得了显著的技术经济效益和良好的社会效益，应用前景十分广阔，为类似工程地质条件的矿井提供参考依据。

全书内容共分 7 章：第 1 章介绍了国内外关于综采工作面传统过空巷技术和新型过空巷技术的研究现状；第 2 章介绍了厚煤层空巷的分类及处理方法；第 3 章详细介绍了同种材料体系使用不同技术路径的三种材料，主要包括充填支柱材料、注浆加固材料和空巷充填材料等；第 4 章介绍了大断面沿底空巷充填支柱支撑技术，主要包括充填支柱方案、充填工艺、施工工艺和安全技术措施等；第 5 章介绍了沿顶完整空巷充填治理技术，主要包括空巷充填系统、充填方案、施工组织管理、设备改进及研发、过充填空巷安全技术措施等；第 6 章介绍了冒落空巷注浆加固技术，主要包括冒落空巷注浆加固系统、注浆钻孔布置方案及参数、冒落区分层成孔工艺、注浆施工工艺以及过冒落空巷安全回采技术措施等；第 7 章介绍了厚煤层沿底完整空巷、沿顶完整空巷和冒落空巷工业性试验及效果分析。

本书内容丰富、实践性强，可供相关专业的研究人员、工程技术人员、管理人员借鉴参考。

限于作者水平，错误和不妥之处在所难免，恳请读者批评指正。

著　者

2018 年 6 月于河南理工大学

目 录

1 绪 论

1.1 研究背景及意义

煤炭是我国的基础能源和重要原料。虽然煤炭在一次能源消费中的比重将逐步降低，但在相当长时期内，其主体能源地位不会变化[1]。厚煤层是我国的主采煤层[2-6]，5 m 以上厚煤层的产量约占全国煤炭原煤总产量的 35%，厚煤层综采安全高效开采是我国能源供给的重要保障。在过去的 15 年内，煤炭行业为我国的经济社会发展贡献了巨大力量，但由于长期过度、无序的开采，导致了目前已勘探煤炭资源赋存量仅仅可供开采 30 年[7]。因此，安全、高效、节约开采厚煤层资源意义重大，可保证国家能源战略安全和经济可持续发展[8,9]，而如何实现高产高效节约开采和安全保障生产等新的重大科技问题越来越多[10-13]。

由于过去开采无序、采用旧式采煤、设计综采工作面不合理、开挖探巷等原因，厚煤层综采工作面普遍存在空巷，综采工作面过空巷一直是煤矿开采中未能很好解决的技术难题[14]，由于综采工作面设备体积大、数量多，回采过程中需要更大的安全稳定空间。在回采过程中，由于受采动和超前压力的影响，空巷内的顶板容易下沉，若空巷已经发生大范围的片帮、冒顶，当综采工作面与空巷贯通期间，容易发生大面积的冒顶，压垮支架影响安全生产，如晋煤集团寺河矿过 W2301 过两条空巷期间，由于空巷内的木垛支撑顶板强度有限，空巷高度从 3.8 m 挤压变形为 1.5 m 高左右，仅过一条空巷耗费 15 d 左右，给矿井的安全生产及衔接带来很大困难；神东上湾煤矿 12211 大采高工作面在过 1 条宽 6.0 m，高 4.4 m 的空巷时发生了大面积切顶事故，对现场安全生产造成了严重的影响，处理冒顶耗时半个月，严重影响了工作面的正常推进[15]；山西乡宁焦煤集团燕家河煤业有限公司综采过平行空巷时，工作面回采高度由原 4 m 左右压缩至不足 2 m，顶板出现了平行于工作面的贯通裂隙，造成压架事故[16]。厚煤层综采面过空巷风险大、推进缓慢，给综采工作面高产高效安全开采带来严峻的挑战。

目前，晋煤集团所辖寺河煤矿、成庄煤矿、海天煤业有限公司等多个矿井主采煤层 3# 煤层，该煤层为优质的无烟煤，煤层平均厚度为 6.0 m，属于厚煤层的范畴，开采过程中受空巷的严重困扰，导致大量的优质 3# 煤层无法开采。而晋煤集团一直以来都立足长远，没有"采富弃贫、采肥弃瘦"，经历煤炭市场近几年持续疲软，逐渐改变了以"增量增收"为主的发展思路，更多地向"提质增效，降本增效"等方面要效益，迫切需要解决厚煤层综采工作面过空巷的技术难题。因此，以厚煤层空巷为工程背景，开展厚煤层综采工作面空巷综合治理技术研究具有十分重要的意义，掌握综采工作面过空巷关键技术在提高资源采出率、避免频繁搬家等方面具有重大现实意义，从而彻底解决厚煤层综采工作面面临的煤炭资源浪费和安全事故频发的难题，为我国大型煤炭基地建设和高回收率开发、确保国家可持续发展所必需的煤炭供应提供技术保障,符合国家建设能源领域安全的战略要求[17]。

1.2　国内外技术研究现状

1.2.1　传统过空巷技术

国内外传统过空巷技术主要包括以下 3 种方式:

(1)用木垛或支柱加强对空巷顶板的支护

该种方法是在工作面前方空巷中采用布置密集支柱或木垛的方式,对空巷顶板进行支护,以保证工作面顺利通过空巷。木垛自身受力特性决定,木垛的支护强度一般为 3 MPa 左右,支撑面积约 0.3 m²,其最大支撑荷载在 1 000 kN 左右。木垛只有在受压后才能表现出一定的支撑性能,在围岩的早期变形破坏过程中不起任何作用。待工作面推进至空巷位置时,工作面超前支承压力作用显著,木垛严重下缩,空巷底鼓严重,工作面容易发生压架、倒架等问题,造成采面较长时间停产,严重耽误井下安全、高效生产,且经济浪费较严重[18]。金属单体支柱支护方式,会造成至少三分之一的金属单体支柱折损无法回收利用,在较高工作面或底软严重的工作面过空巷时,金属单体有时无法起到根本性的支护作用,也存在空巷超前来压、支架倒架、压架等问题。因此,该支护方式适用条件有限,仅适合矿压显现小、开采强度低的炮采和普采工作面,随着国家去产能的不断深化,会逐步淘汰[19]。

(2)以空巷为切眼重新布置工作面

该种方法是在工作面接近空巷位置时即搬家倒面,弃采一定范围的煤体,然后在空巷位置处重新布置工作面,工作面停采位置处距空巷距离应参照工作面超前支承压力影响范围,然而大采高工作面开采强度大、矿压显现剧烈、超前支承压力影响范围一般为 50~60 m,造成了煤炭资源的大量损失;同时在遗留煤柱形成集中应力,给相邻煤层的采掘带来安全隐患。综采工作面大型设备多,搬家倒面除了消耗大量的人力、物力和财力,还浪费了大量的时间,造成矿井的采掘接替紧张,严重影响矿井的安全高效生产[20-21]。

(3)补打锚杆、锚索加固空巷顶板和两帮支护

该种方法是在工作面推进至空巷位置前,采用补打锚杆、锚索的方式对空巷顶板及两帮进行补强支护,维护空巷顶板和两帮的完整性,提高巷道围岩稳定性,是目前工作面过空巷普遍采用的加固方法,对保障工作面过小跨度空巷可以起到立竿见影的作用,具有显著的安全技术经济效益;跨度大的空巷的塑性区范围大,锚杆(索)长度大幅增加,支护强度进一步提升,给现场施工质量和管理水平带来很大的难度,安全技术经济并不理想,加固后的空巷仍难以承受超前支承压力的作用,不能有效控制顶板的提前下沉或垮落,导致锚杆、锚索断裂,安全隐患大;对于因年久失修而冒顶片帮严重的空巷采用锚杆(索)加固则需要进行巷修,同时面临积水、积气风险,安全风险大和巷修成本高,不具有可操作性[22-24]。

传统治理空巷技术手段对工作面过空巷起到了一定的作用,避免了薄及中厚煤层工作面过空巷时的大冒顶倒架、压架等严重事故,但仍未形成一套成熟可靠的应用于厚煤层大采高工作面过空巷的应用技术,厚煤层综采工作面过空巷仍然面临风险高、推进缓慢、丢煤多、成本高、施工工序复杂等一系列问题,无法实现厚煤层综采工作面过空巷安全高效节约[25-27]。

1.2.2　新型过空巷技术

空巷新型注浆加固技术、空巷充填技术、充填式支柱支护技术是近几年国内外涌现并得到发展的新型空巷治理技术,在厚煤层综采工作面治理空巷方面具有较强的技术经济安全优势,可以实现厚煤层综采工作面安全高效快速通过空巷[28-30]。

1.2.2.1　空巷新型注浆加固技术

注浆技术最早由法国人应用于对 Dieppe 冲刷闸的修理工作,自 1826 年发明硅酸盐水泥后,在 1838 年 Collin 将波特兰水泥用作注浆材料加固 Grosbois 大坝,1886 年,英国发明了压缩空气注浆机,促进了水泥注浆法的发展。因水泥浆液的可注性较差,印度在 1884 年用化学注浆法对大坝基础进行加固和防水治理。德国发明了水玻璃注浆材料,Hans. Janade 采用水玻璃加水泥的注浆材料,取得了良好的注浆效果。1915 年松岛煤矿立井施工中将水泥浆液对立井施工进行注浆加固,达到了注浆堵水的目的[31-37]。1940 年至今,各种水泥注浆材料、化学注浆材料相继问世,应用范围和规模越来越大,注浆技术的应用研究进入鼎盛时期[38]。

我国在 20 世纪 50 年代初期才开始使用注浆技术,60 多年来,注浆技术在我国得到迅速的发展。在我国井巷施工中,鹤岗矿区率先应用注浆技术治理井筒漏水。60 年代以后注浆技术被应用于堵水、对构造和破碎岩层的加固治理。近年来,注浆技术在岩土和地下工程中获得了十分广泛的应用,满足了许多复杂地质条件的工程要求,积累了丰富的经验[39-43]。

对于年久失修、支护强度低、受到相邻采动形成的冒落空巷,治理的关键是要对废巷区域垮落的矸石及破坏的煤柱进行加固,降低破碎矸石的可压缩性并提高煤柱的强度,形成再生实体结构,空巷冒落不满足浆液自流的条件,且煤柱裂隙贯通程度有限,采用常规的注浆加固技术的突出难点是破碎区的成孔与漏浆问题,即钻孔要穿越垮落矸石区域,在一些破碎及空虚严重段会出现钻进困难的情况,可能遇到排渣困难、卡钻、掉钻甚至扭断钻杆的现象,此外还可能出现因破碎区塌孔引发的成孔难问题;其次,直接注浆一方面可能会因浆液固化较慢出现浅部漏浆的问题,另一方面可能会因浆液固化较快引发封堵钻孔的情况,浆液较快固化也大大降低了浆液的扩散范围,导致深部破碎区域得不到有效加固,宜采用对围岩适应性强的循环钻进分段成孔注浆加固技术,并需要进一步在注浆材料以及施工工艺上寻求突破。为此,由河南理工大学熊祖强教授带领的河南省创新型科技团队发明的新型双液无机注浆加固材料,单液稳定,浆液流动性好,渗透性高,双液混合后扩散范围大,且能速凝成具有一定强度的固结体,水灰比可调范围大,单位体积材料消耗量少,材料成本低,注浆系统简单,是一种性能优良的新型注浆材料,能够有效解决空巷破碎区成孔与漏浆难题。目前,该注浆技术已经在圣鑫煤业、润宏煤业、海天煤业等多个资源整合矿井应用,成功解决了残采区复采和冒落空巷治理的难题,取得了显著的社会经济效果[44-47]。

1.2.2.2　空巷充填技术

采用充填材料对空巷区域进行全部充填是现阶段对于工作面空巷较为有效的处理方式,是利用充填材料,在工作面推进至空巷位置前,对空巷内部空间进行全部充填,以保证工作面顺利安全过空巷,该种方式的主要优点体现在以下几个方面:

① 从充填材料性能来讲,该充填材料具有较高的抗压强度,同时能够呈现出明显的塑性材料特征,在压力作用下可以允许较大的塑性变形,强度衰减比较缓慢,可以维持较高的残余强度,可以避免在工作面超前支承压力作用下突然破坏,充填体变形特性可以与巷道变形规律保持协调一致,同时材料充填施工过程中可以采用高水灰比,有利于减少材料用量,

降低充填成本。

② 对空巷内部空间进行全部充填后,充填体能够与巷道围岩形成统一整体,将巷道围岩受力状态由原来的两向受力状态向三向受力状态转变,能够有效降低巷道围岩中的应力集中程度,降低采场矿压剧烈程度。

③ 由于空巷全部充填,待工作面推进至空巷位置处时,工作面支架上方无空顶产生,支架上方有所依托,有利于支架向前推进,同时也提高了工作面过空巷区域的安全系数。

④ 空巷内部空间全部充填后,工作面能够直接推进至空巷区域,空巷底板留煤正常开采,在保证了工作面回采安全效果的同时,还节约了大量煤炭资源,提高了工作面产量和效率。

随着科技的发展,充填材料也经历了一个逐渐发展完善的过程。从最初的以类硅酸盐水泥为主的各种水泥类浆材,到以各种工业废料如粉煤灰、矿粉等替代部分水泥,再到采用新型建筑材料完全替代水泥。这些新型的建筑材料基本上和水泥一样,具有胶凝性质[48]。

(1) 粉煤灰胶结充填材料

粉煤灰是火电厂发电过程中的副产品,是一种以 SiO_2 和 Al_2O_3 为主的硅质或硅铝质材料,粉煤灰具有潜在的活性,常温下能与 $Ca(OH)_2$ 或其他碱性氧化物发生化学反应,生成具有胶凝性的水化产物,增强材料的耐久性和强度。粉煤灰具有活性的原因是其物相组成的玻璃体中含有硅酸根离子和铝酸根离子,这些离子的配位数不饱和,结构不稳定,所以粉煤灰具有一定的潜在活性,当粉煤灰受到碱激发作用或硫酸盐激发作用时,发生水化反应,生成低碱 I 型 C-S-H(水化硅酸钙凝胶),沉积在粉煤灰颗粒表面上,形成了含有较多空隙的不密实结构。之后,水、OH^-、SO_4^{2-} 不断通过这些疏松的覆盖层与硅酸根离子和铝酸根离子反应,使玻璃体进一步分解,形成更多的水化产物,进一步充填和密实了硬化体的结构。最终形成以硅氧四面体和铝氧四面体为主的网络结构,使粉煤灰类胶结材料具有强度。

(2) 矿渣胶结充填材料

粒化高炉矿渣简称矿渣,是钢铁厂高炉炼铁过程中的固态废渣。在高炉炼铁时,生成一种熔融高炉渣,这种高炉渣的主要成分是硅酸盐和硅铝酸盐,在从高炉排出时,放入水中,使熔融炉渣骤冷,限制其平衡析晶,变成以玻璃体为主要成分的物质,即为矿渣。目前,我国的矿渣已经基本达到了全部利用,其中绝大多数(90%以上)的矿渣都用于水泥类材料的替代品之中。矿渣具有潜在的水化活性,是一种水硬性凝胶,添加一定的激发剂,可以成为具有胶凝性能的充填材料。

(3) 煤矸石胶结充填材料

在煤炭开采和洗选过程中,煤矸石作为煤层伴生矿物会被分离出来,成为占用土地资源的一种固体工业废弃物,它在我国固体废弃物中排放量较大。煤矸石是岩石(砂岩、页岩、砾岩等)与含碳物(炭质砂岩、炭质页岩及少量的煤)混合而成的物质,一般以硅、铝为主要成分。煤矸石在自然界中有两种存在形态,分别为原状矸石和自燃矸石。由于两种矸石在矿物组成和结构上存在较大差别,致使其火山灰活性程度也不同。自燃矸石因经过燃烧,通常具有较低的含碳量,SiO_2 和 Al_2O_3 的含量明显提升,原有矿物经过脱水、分解、高温熔融,以及再结晶,形成以无定形氧化硅和氧化铝为主的新的矿物相,因此自燃矸石普遍具有火山灰活性。原状矸石没有经过脱水、分解、高温熔融,以及再结晶等过程,基本没有活性,但是经过 700~900 ℃煅烧处理,使矿物晶相发生变化,生成非晶体相,从而具有活性,可作为一种矿山充填材料。

（4）高水速凝充填材料

该材料是采用铝酸盐、硫铝酸盐、铁铝酸盐等特种水泥为 A 料，石灰、石膏等胶凝材料为 B 料，分别掺加一定的外加剂，组成的双液注浆充填材料。单液存放时间较长时，和易性也较好。当两种液体混合后，短时间内可以形成以钙矾石为骨架，凝胶体充填其间的硬化体结构，从而使材料具有一定的强度。高水材料水灰比可调范围大，形成的固结体具有适当的膨胀性能，结合水能力较强，单液流动性较好，泵送性能优良。由于采用双液注浆工艺，使得注浆充填过程较为复杂，并且存在充填过程中双液比例失调而影响充填质量的问题，目前随着设备不断更新，这一问题基本得到解决。当空巷注浆充填量不大，采用井下移动式充填时，成本低、效果好，且材料来源不受限制，这为其在煤矿采空区和空巷充填领域进行广泛推广与应用提供一个先决条件，是目前空巷注浆充填的主要技术途径，为我国矿山胶结充填开采技术提供了一条新的发展途径，同时这将成为实现绿色开采的又一重要技术手段[49-51]。

1.2.2.3 空巷充填支柱支护技术

充填支柱支护是一种采用新型材料的巷旁支护技术，对煤矿井下过空巷、废巷、小窑区等具有非常好的针对性。该技术起源于美国，广泛应用于房柱式开采中替代煤柱支护顶板，是一种非常成熟的应用技术。经过多年的现场应用和配比改进，现广泛应用于英国、美国、波兰、德国、澳大利亚等国家的井下支护[52]。

充填支柱整套技术应用操作简便、快速、应用针对性强。充填支柱可以远距离泵送，泵送距离 200～1 000 m。施工操作方便快捷，现场施工只需两名熟练工人。

充填支柱的特点是初撑力大，具有一定的让压变形能力和较高的残余支撑强度。其支撑力可以根据需要设计成一般支撑力（单个柱子）为 1 000～2 000 kN、中高级支撑力为 2 000～4 000 kN、高级支撑力为 4 000～10 000 kN 以上。充填支柱可以设计为单层充填体或双层充填体（上部 300～500 mm 设计为膨胀让压层，让压变形量为 100～200 mm），符合现代矿井"让-抗"支护理论，可以适应矿压较大的巷道变形控制和软岩巷道变形的控制，控制巷道底鼓，以及保证对巷道的支护能力。主要应用于工作面开切眼、回撤通道支护、软岩巷道变形和底鼓的控制、矿压较大的巷道变形控制、工作面过空巷的支护等方面，尤其是对软顶和软底的支护应用[53]。

此外，充填支柱具有易于为采煤机切割的特点，既能确保工作面顶板岩层稳定的承载性，又能确保工作面采煤机顺利通过，是综采工作面过空巷、废巷、回采煤柱等针对性非常强、经济效益可观、技术可行的新型技术，其应用和推广前景十分可观[54-55]。

我国于 2005 年开始引进，并在不同矿井中得到应用和发展。在宁煤集团枣泉矿软岩巷道变形控制、汾西宜兴矿综采面过空巷支护、彬长集团下沟矿辅运巷道变形控制、平朔集团二号井综采面过小窑老区支护、霍州煤电三交河矿综采面过小窑废巷支护等得到成功应用和不断完善。近年来，充填支柱支护技术结合我国矿山的实际情况，不断在材料性能、应用技术设计等方面进行完善、发展和提高，已成为国内首创性技术。

（1）宁煤集团枣泉矿软岩巷道变形控制

充填支柱曾应用于宁煤集团枣泉矿软岩巷道变形控制并取得非常成功的经验。原巷道变形大，无法满足井下运输和通风需要，矿山先后两次采用工字钢＋单体＋Π 型梁支护和巷旁的木垛支护均失败，无法达到巷道围岩变形有效控制效果（图 1-1）：工字钢梁和单体支柱被压断、木垛被压垮。每次巷道维护所花费的人力和材料费用均在千万左右，给井下生产带来巨大压力。第三次巷道维护时采用充填支柱支护技术,巷道一次维护成功,有效地保障了井下安全生产进度,为矿方节约巷道维修人力和材料费用达上千万元(图 1-2)。

(a)   (b)

图 1-1   枣泉矿原软岩巷道补强支护后巷道变形情况

(a) 第一次采用单体＋Ⅱ型梁补强支护;(b) 第二次采用木垛加强支护

(a)   (b)

图 1-2   枣泉矿软岩巷道采用充填支柱补强支护后巷道情况

(2)汾西矿业集团宜兴矿采煤工作面过空巷支护

汾西矿业集团宜兴矿某采煤工作面距切眼 600 m 处有一个二切眼,宽约 7 m、高 2.8～3 m、长约 200 m,平行于采面推进方向,底板为泥岩且较软。为了保证回采过程中采煤工作面能安全顺利通过二切眼,确定采用充填支柱进行加强支护(图 1-3)。现场应用表明,采用充填支柱加强支护后,采煤工作面采煤机顺利通过该空巷(图 1-4),没有发生垮顶、压架等生产事故,较以往采用的单体支护更安全和有效地通过空巷,避免采用单体支护可能发生空巷严重变形、冒顶、单体钻底、压架等安全事故,亦避免出现遗失单体支柱的经济损失,综合效益十分明显。

新型过空巷技术可以实现煤层工作面过空巷安全高效节约,但是缺乏多技术途径综合治理的思路,仅仅针对某一具体空巷提出相应的治理对策,适应性差,不具推广性,没有从整体上通盘考虑厚煤层不同空巷类型综合治理问题;没有合适的注浆充填材料:常规的矿用注浆充填材料,如普通硅酸盐水泥、硫铝酸盐快硬水泥、高水材料,不能满足充填支柱快速立柱、冒落区注浆充填需要,而矿用高分子材料成本高,研发成本低、适应强的新型材料意义重大;没有配套的充填系统和注浆工艺:现有地面充填系统复杂,配套装备价格高、尺寸大,而

(a)　　　　　　　　　　　　　　　(b)

图 1-3　宜兴矿某采煤工作面空巷采用充填支柱加强支护后巷道情况

图 1-4　宜兴矿某采煤工作面割煤机通过空巷支柱支护段切割煤体情况

井下空间有限,难以兼容,最难实施的是冒落区注浆加固,存在成孔困难,注浆漏浆严重,施工难度大[56-58]。

1.3　主要研究内容

以山西晋城无烟煤矿业集团有限责任公司寺河煤矿、成庄煤矿和海天煤业有限公司的空巷为工程背景,结合国内外空巷治理的有关经验和充填注浆加固的有关理论,从空巷类型、注浆及充填支柱材料、注浆加固及充填支柱支撑等几个方面入手,形成了集材料研发、充填支柱支撑、高水材料充填、冒落破碎区深孔注浆加固等多种途径为一体的厚煤层综采工作面空巷综合治理技术体系,主要包括充填支柱支撑技术、充填法治理技术和注浆加固法治理技术,建立了针对性的厚煤层空巷充填系统、充填工艺、注浆加固系统和工艺,系统解决了厚煤层开采过程中出现的沿顶完整空巷、沿底完整空巷,以及冒落空巷治理问题。本书的主要研究内容如下:

(1)厚煤层空巷的分类及处理方法。

(2)充填支柱材料及注浆加固充填材料研究。

(3)大断面沿底空巷充填支柱支撑技术。

(4)沿顶完整空巷充填治理技术。

(5)冒落空巷注浆加固技术。

2 厚煤层空巷的分类及处理方法

2.1 工 程 概 况

2.1.1 寺河煤矿 5301 大采高综采工作面

寺河煤矿原设计生产能力 400 万 t/a。随着国家对能源需求的不断增加以及矿井改扩建工程的顺利实施,矿井核定生产能力达 1 080 万 t/a,采用两套大采高设备进行回采,三套连采设备及三套连掘设备进行巷道准备工作。自矿井正式投产后的回采期间,寺河矿在大采高采煤工艺、综采技术装备、安全管理等方面进行了大量探索。

自 2002 年 11 月正式投产以来,寺河煤矿采用大采高综采工艺,采煤工作面采高不断提升,由 5.2 m 到 5.5 m 再到 6.2 m,工作面设计长度一般在 225 m 左右。寺河矿大采高工作面一般采用"三进两回"五巷布置方式,其中两条巷道采后留设作为下一个工作面使用,每回采一个 225 m 的工作面必须留设 60 m 的净煤柱来保证留设巷道的安全管理。寺河矿 2009 年 10 月在 4301 工作面首次应用 300 m 大采高加长工作面进行回采,单工作面平均年产量可达 770 万 t/a,标志着 300 m 超长工作面试验在寺河煤矿取得很大成功。

东五盘区 5301 大采高综采工作面东为桃掌村保护煤柱,南为长畛煤矿,北为 5302 工作面,西为东五盘区辅助运输巷。工作面回采面积 459 117 m^2,工业储量 4.02 Mt,可采储量 3.74 Mt;平均倾斜长度 296.3 m,推进长度 1 549.5 m,煤层地面标高 +550~+710 m,煤层底板(工作面)标高 +280~+345 m;煤体黑色,具似金属光泽,以亮煤为主,暗煤次之,半亮型,煤层结构中等,坚硬,稳定程度为中等;煤层平均煤厚 6.0 m,煤层倾角为 2°~8°,平均 5°;煤层结构为全煤。煤的密度 1.46 t/m^3,煤质普氏硬度 $f=1~2$,覆岩厚度为 270~365 m,地压 6.75~9.13 MPa。

5301 工作面采用倾斜长壁大采高一次采全高综合机械化采煤工艺,全部垮落法管理顶板,工作面设计采高为 6.0 m,工作面沿底板推进,机头、机尾各 15 m(各 9 个支架)随巷道顶底板平缓过渡。采用艾克夫公司生产的 SL—500 电牵引采煤机,采用双向割煤法,即采煤机往返一次为两个循环。根据工作面顶底板岩性及煤层厚度、采高等条件,选用金鼎煤机厂生产的两柱掩护式支架及其相配套的端头、过渡支架。从工作面机头到机尾分别布置 ZT12000/28/62 型端头架 3 架,ZG12000/28/62 型过渡液压支架 2 架,ZY12000/28/62 型中间架 162 架,ZG12000/28/62 型过渡液压支架 2 架,ZT12000/28/62 型端头架 4 架,共计 173 架。

工作面共布置五条顺槽,采用"三进两回"的通风系统,工作面顺槽沿煤层底板布置。工作面南为 53011 巷(辅助进风巷及列车巷)、53015 巷(主进风巷及辅运巷),北为 53013 巷(主进风巷及胶带巷)、53012 巷(辅助回风巷)、53014 巷(主回风巷)。工作面回采需要通过四条空巷,包括:三条平行于工作面倾向方向的空巷(位于 53011 巷与 53017 巷之间 5# 横川、6# 横川和 8# 横川,其中 6# 横川约与工作面倾向方向倾斜角度为 45°),以及一条垂直于工作面倾向方向的空巷 53017 巷,沿煤层底板掘进,设计断面大小均为 5.0 m×3.8 m,采用树脂加长锚固锚杆索组合支护,顶锚杆为 ϕ20-M22-L2400 左旋无纵筋高强度螺纹钢锚杆,帮部锚杆为 ϕ18-M20-L2000 圆钢锚杆,长度 2 000 mm,杆尾螺纹为 M20,锚杆间、排距为 1 000 mm×900 mm,锚索为 ϕ22-L7300 的单根钢绞线,间、排距为 1 800 mm×3 000 mm (距巷帮 1600 mm),排距为 3 000 mm。5301 工作面井下巷道布置如图 2-1 所示。

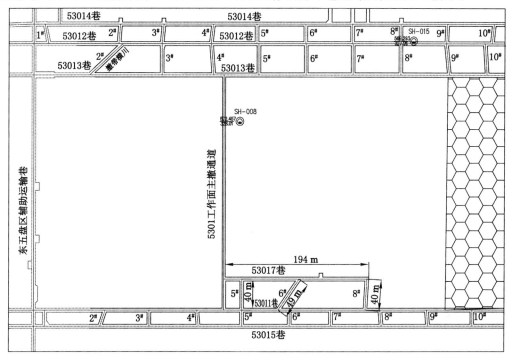

图 2-1   5301 工作面及空巷位置示意图

2.1.2   成庄煤矿 3311 综采放顶煤工作面

成庄煤矿设计生产能力为 1 200 万 t/a,3311 采煤工作面位于一水平三盘区、3# 煤层、标高＋938.4～＋1 087.6,切眼至推进度 1 165.4 m 走向长度 1 165.4 m,倾斜长度 195.5 m;推进度 1 165.4～1 282.3 m 走向长度 116.9 m,倾斜长度 54.5 m;推进度 1 282.3～1 423.4 m 走向长度 141.1 m,倾斜长度 124 m;推进度 1 423.4～1 567 m 走向长度 143.6 m,倾斜长度 94 m;推进度 1 567～1 662.7 m 走向长度 95.7 m,倾斜长度 74 m,工作面走向长度总长 1 662.7 m,工作面平均煤厚 6.15 m。工作面采用走向长壁、后退式综合机械化放顶煤开采,一次采全高,全部垮落法管理顶板,机采高度 3 m,放煤高度 3 m。工作面支架采用由金鼎公司生产的液压支架,其中端头架采用型号 ZTZ11582/18/35 液压支架 2架,过渡架采用型号 ZFG7200/18.5/33.5 液压支架 8 架,中间架采用型号 ZF6000/17/33 液压支架 125 架。

工作面采用"两进一回"巷道布置方式,33111 巷为主进风巷(胶带巷)、33113 巷为辅助进风巷(胶带巷)、33112 巷为回风巷。33111 巷、33113 巷、33112 巷沿煤层顶板布置。巷道交岔点、贯通点 5 m 范围内顶、帮各使用一排塑料网以隔断导电体,巷道每隔 50 m 顶、帮各使用一排塑料网以隔断导电体。工作面巷道即 33111 巷、33113 巷、33112 巷均采用锚杆、锚索及菱形金属网、W 钢带联合支护。

工作面巷道布置示意图如图 2-2 所示。

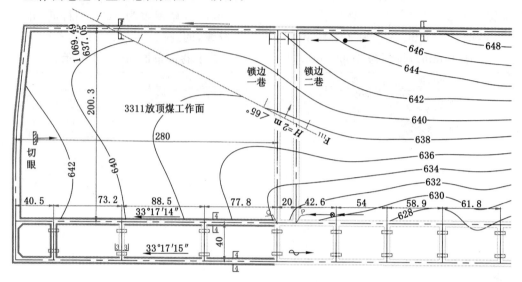

图 2-2　3311 综放工作面巷道布置示意图(单位:m)

3311 工作面距离切眼前方 270 m 左右处有两条闭锁巷平行于工作面切眼,两条闭锁巷贯穿整个工作面,两条闭锁巷相距 14 m(边对边)左右,闭锁巷为矩形断面(宽×高)＝4.6 m ×3.3 m,长度 194 m(边对边),该 2 条空巷均为原综采工作面设计切眼的位置,沿煤层顶板掘进,均采用锚杆、锚索及菱形金属网、W 钢带联合支护,顶板完整,巷道维护较好。由于受到小煤窑采掘影响,造成原综采工作面设计方案不合理,根据井下实际掘探揭露情况,回采巷道又向前掘进了 280 m。空巷布置如图 2-3 所示。

图 2-3　3311 综放工作面闭锁巷相对位置图

2.1.3　海天煤业 3116 分层开采工作面

山西晋煤集团泽州天安海天煤业有限公司(简称海天煤业)是资源整合矿井,井田面积为 5.04 km²,生产能力为 60 万 t/a,井田范围内可采 3#、9#、15# 煤层,开采深度(标高) 590～780 m。现主要开采的 3# 煤层为优质无烟煤,煤层厚 5.60～6.86 m,平均 6.40 m,一般含 1 层夹矸,夹矸岩性多为泥岩或粉砂泥质岩。资源整合前原矿井开采规划不合理且采用房柱式、巷柱式、巷放式等旧式采煤方法开采致使井田内存在大量的空巷残采区域。全井田可分为六个采区,每一采区基本上都分布着大量的残采区及空巷。为此,海天煤业与河南理工大学联合攻关,建立了地面充填制浆系统,对残采区域进行充填,完全消除了顶板、瓦斯、水等隐患,实现了残采区域整块资源安全高效回采。目前,该技术已在 3615 上分层工作面实施,充填方量约 5 800 m³,多回收煤炭资源 12 万 t,取得了良好的技术经济效果。

然而,3616 工作面情况却有不同,以往的巷式回采采用沿底掘进的方法,同时由于下部 9#、15# 煤层的采动影响,共同导致巷道上方顶煤冒顶、直接顶垮落,同时也造成了巷道周边煤岩体严重破碎变形、底鼓,并且由于变形破碎程度不一,存在多种形式。在工作面范围内形成残采区域影响区域,给工作面正常布置和回采带来了极大的困难,3616 下分层工作面,以及 3617 上、下分层工作面也将面临类似问题。主要表现在以下几个方面:

(1) 冒落顶煤和直接顶胶结性较差,工作面回采过程中易出现片帮问题。冒落顶煤和直接顶虽经过长时间垮落、压实,但是胶结性依然较差,工作面回采过程中极易出现片帮问题,这在巷道掘进过程中已有体现。

(2) 大块冒落矸石,对截割和运输均会造成影响。冒落的大块矸石,采煤机割不动,刮板输送机拉不动,通不过机身,需采取措施处理工作面出现的大块矸炭。

(3) 工作面发生片帮、漏顶时,支架难以接顶,需要大量的人工勾顶工程。冒落顶板胶结性超差,工作面回采过程中极易出现片帮、漏顶情况,致使综采支架难以接顶。

据统计,3616 工作面采用分层综合机械化采煤工艺,工作面走向长度约 675 m,倾向长度约 120 m,上分层平均采高 3.1 m,下分层采高 3.1 m。回风巷在掘进过程中在 335 m 遇见五西底残采区域(已进行充填),537 m 开始遇见高落式回采冒落区(以掘代采的煤巷),掘进时共穿越了 7 条回采冒落区,总长度为 107 m,根据 7 条回采冒落区情况和对老工人的调查,预测有 3 条高落式回采巷道穿越到 3616 工作面内,影响顺槽长度为 110 m,工作面内长度为 0～50 m。35411 巷、35412 巷和 35413 巷等三条以掘代采的煤巷及其间的横川的顶煤、直接顶已经冒落,冒落的煤岩体形成大范围连续的冒落拱,在矸石及部分顶煤的碎胀作用下充填巷道空间,巷道及横川间残留的煤柱被压酥破坏,如图 2-4 所示。

2.2 冒落空巷冒落状态分析

根据现场实际调查发现,综采工作面最难通过和治理的空巷当属于冒落空巷,全面了解该类空巷的冒落状态是治理该类空巷的关键。巷道开挖后,引起围岩应力重新分布,若不及时支护,巷道硐顶岩体将不断垮落形成塌落拱。利用普氏地压学说建立顶板冒落拱计算模型,分析无支护巷道顶板冒落高度[59,60]。

在半拱上作用有岩石的自重,计算时认为岩体自重在拱顶是均匀分布的,载荷大小为 P,普氏平衡拱中半拱计算简图如图 2-5 所示,自然冒落后拱内受力平衡,对任意一点 M 取力矩 $\sum M_M = 0$,则 $Ty = \dfrac{Qx^2}{2}$。

$$y = \frac{Q}{2T}x^2 \tag{2-1}$$

式中　T——拱顶推力;

　　　Q——作用在"天然拱"上的竖向均布压力;

　　　x,y——半拱上任意一点 M 的坐标。

令:$x=a$,$y=h$,带入式(2-1)得:

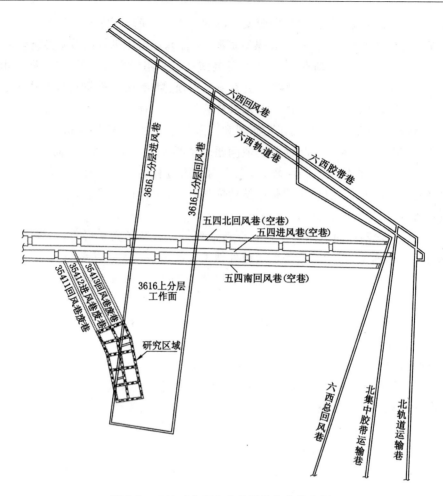

图 2-4　3616 工作面空巷及冒落空巷分布图

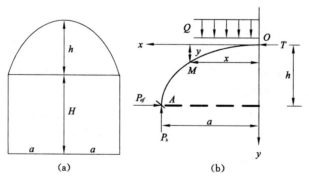

图 2-5　矩形巷道顶板冒落拱及其计算简图

（a）矩形巷道；（b）半拱脱离体

$$T = \frac{Qa^2}{2h} \qquad (2-2)$$

式中　a——冒落拱半跨度,m；

　　h——冒落拱的高度，m。

　　拱脚保持稳定，拱脚处水平摩阻力应大于该处的推力 T，取安全系数为 2，则：

$$\frac{P_h f}{T} = 2 \tag{2-3}$$

　　将式(2-3)代入式(2-4)，则可得：

$$h = \frac{a}{f} \tag{2-4}$$

式中　　f——顶板岩石的坚固性系数。

　　顶板岩层冒落拱的高度与巷道的跨度及岩层的坚固性系数有关，垮落高度随巷道跨度的增加而增大。海天煤业 3# 煤层直接顶为泥岩，顶板岩层单一，在垂直应力和水平应力的作用下巷道顶板出现拉应力集中，超过岩石的抗拉强度极限，巷道顶帮岩层出现拉伸破坏，如图 2-6 所示。

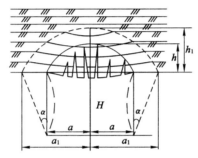

图 2-6　矩形巷道两帮不稳定顶板破坏示意图

　　巷道掘进后，处于无支护状态的巷道两帮松软煤体没有得到有效的控制，巷道两帮的煤体易发生剪切破坏产生破裂面，并在水平面上与自然冒落拱相交，在自重作用下易片帮、冒落，产生片帮或整体下沉。巷道两帮片帮后，增大顶板的跨度，由公式(2-4)知跨度增大的范围与旧采巷道的采高呈正相关，使得巷道顶板的冒落拱扩大，顶板垮落的范围增大，冒落的拱高为：

$$h_1 = \frac{a + H\tan\left(45° - \dfrac{\varphi}{2}\right)}{f} \tag{2-5}$$

式中　　h_1——冒落拱的高度，m；

　　　　H——巷道的高度，m；

　　　　φ——内摩擦角，(°)。

　　海天煤业资源整合前采用巷柱式、高落式等旧式采煤方法开采后，旧采巷道的宽度 6～8 m，高度 6.4 m，顶板岩层的坚固性系数 f 的取值在 2～3 之间，顶板泥岩的内摩擦角取 27°，求得冒落拱的高度范围在 2.3～4.0 m。

　　顶板泥岩的碎胀系数取 1.5～1.8，堆积的冒落矸石的高度 4.25～6.3 m，理论计算冒落煤岩体上部有 2～3 m 的空洞区域。考虑到采用旧式采煤方法开采，不可能将顶煤全部放出，部分顶煤及伪顶冒落，废巷两帮的煤体片帮堆积在旧采巷道内，处于无支护支护状态的废巷易失稳冒落，冒落的煤岩体堆积在废巷内，旧采巷道冒落后的空洞区域也应有 1～2 m 的空洞区域。

3616 工作面巷道贯通后,为了进一步探明废巷冒落区是否波及基本顶,明确废巷顶板形态,在 3616 上分层进风巷垂直煤壁开掘两条探巷,探巷断面为 2 m×2 m,如图 2-7 所示。

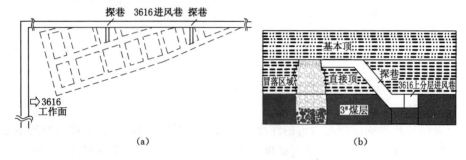

图 2-7　冒落区域探巷示意图

(a) 探巷位置示意图;(b) 探巷剖面图

该探巷以 20°坡度上山掘进,到达直接顶后沿直接顶平巷掘进,直至遇到空巷冒落区域。由探巷探测情况可知,冒落空巷基本顶较为完整,而直接顶基本垮落,形成大致规则的冒落拱,局部与基本顶之间留有 200~400 mm 的距离。

3# 煤层顶底板受到下伏 9# 煤层明显的采动影响,通过在 94302 工作面上方 3# 煤层的巷道内布置 4 个巷道变形观测点,监测下部煤层的开采对上部煤层巷道稳定性的影响,图 2-8 为巷道监测点布置示意图。

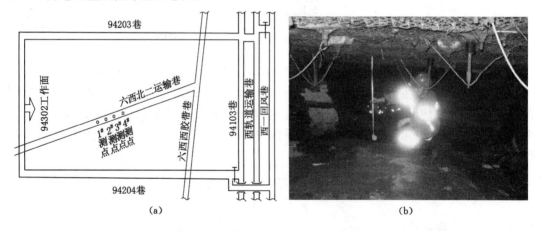

图 2-8　3# 煤层中巷道变形观测示意图

(a) 观测巷道与工作面位置关系;(b) 巷道底鼓实测

下伏 9# 煤层的开采超前工作面形成应力集中,应力传递到巷道底板并部分转化为水平应力,在水平应力的作用下底板岩层向自由面发生底鼓变形。在巷道维护较好的六西北二运输巷设置的 4 个测点平均底鼓量为 660 mm,最大底鼓量达 865 mm。

原高落式采煤法在掘完巷道后,撤出了支护并放出了一部分顶煤。受下伏 9# 煤层的采动影响,处于无支护状态的废巷的底鼓量将更大。旧采巷道顶板的冒落、两帮煤体的片帮、冒落,加上受采动影响巷道较大的底鼓量,使得此类巷道被冒落的煤岩体充填,巷道空洞区域较小。

2.3 厚煤层空巷分类及其对回采的影响

2.3.1 厚煤层空巷分类

通过对厚煤层空巷进行现场调研与分析,空巷赋存及破坏形式主要包括以下几种类型[42]:

沿底完整型空巷:即沿着厚煤层底板掘进的空巷,巷道有一定的支护强度,在未受采动影响下,巷道顶板完整,巷道周边围岩处于稳定状态,采用合理的通风方式和相关的管理措施,人员可随时进入作业。

沿顶完整型空巷:与沿底完整型空巷主要区别是沿着厚煤层顶板掘进,与沿底完整型空巷一样,主要由综采工作面设计不合理、开挖探巷等原因形成的。

冒落空巷:包括沿底冒落空巷和沿顶冒落空巷,支护形式简单粗放,支护强度低,甚至多数处于木垛或无支护支护状态,年久失修,人员无法进入作业,多数为旧式采煤法遗留的废巷。处于无支护状态的巷道两帮松软煤体没有得到有效的控制,巷道两帮的煤体易发生剪切破坏产生破裂面,并在水平面上与自然冒落拱相交,在自重作用下易片帮、冒落,产生片帮或整体下沉。巷道两帮片帮后,会增大顶板的跨度,空巷周边松动破坏范围持续扩展,煤帮片帮严重,巷道跨度不断增大,直接顶(或顶煤)垮冒加速渐次向上发展,帮、顶持续破坏相互作用形成反复的恶性循环。空巷片帮冒顶的煤岩体松散堆积充填空巷,其上方出现部分悬空,加上周边煤层采掘活动的影响,空巷有时甚至会被冒落的煤岩体充填满。工作面揭露残采区域有的为全矸区、有的半煤半矸区,残采区域冒落形态不一,如图2-9所示。

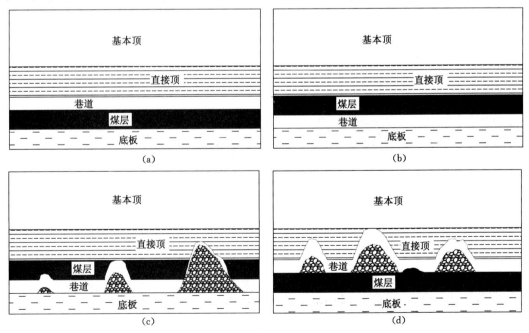

图 2-9 残采区空巷存在及破坏形式示意图

(a) 沿顶完整空巷;(b) 沿底完整空巷;(c) 沿顶冒落空巷;(d) 沿底冒落空巷

2.3.2 空巷对回采的影响

厚煤层综采工作面在推进过程中,若遇到平行于工作面或斜交的空巷,在工作面与空巷接近区域,顶板和煤壁通常出现矿压显现异常现象和安全隐患,如图 2-10 所示,主要问题如下[60-61]:

(1)支架故障率增加。受应力集中及采动影响,工作面液压支架出现连接孔撕裂、顶梁开裂、支架耳座断裂及相邻支架间台阶过大等现象,影响支架初撑力,同时顶煤受多重压力

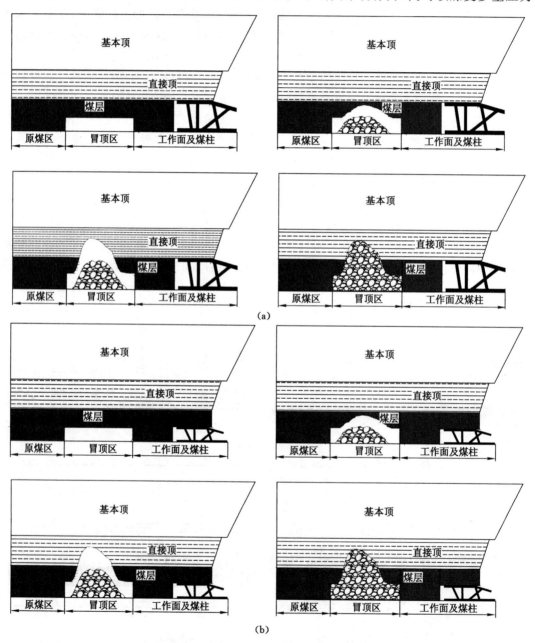

(a)

(b)

图 2-10 空巷对回采的影响

(a)不同沿底空巷对一次采全高开采的影响;(b)不同沿底空巷对放顶煤开采的影响

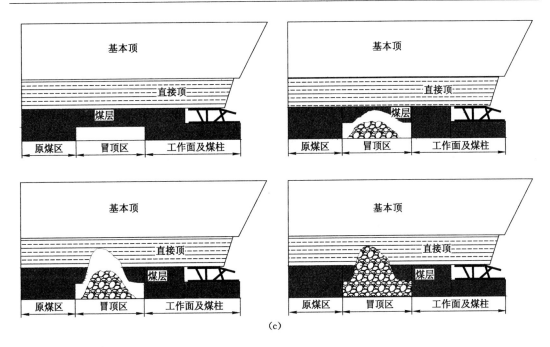

(c)

续图 2-10　空巷对回采的影响

（c）不同沿底空巷对分层开采的影响

影响极度破碎,进一步降低了支架对顶板的支撑效果,造成工作面顶板压力向煤壁转移,接近空巷时机道煤壁片帮严重,影响安全生产。

（2）工作面顶板事故频发。由于交叉空巷的存在,工作面煤体被分成三角煤、四边形煤柱等形状,受多次采动以及应力集中的影响,煤体松散、破碎;另外,工作面在向前推进过程中,工作面采场与前方空巷之间的煤柱逐渐减小,受采动动压和顶板下沉压力的双重影响,工作面前方顶煤及煤壁破碎,工作面护顶不及时,很容易发生片帮、冒顶事故。

（3）空巷支护困难。在煤炭开采过程中,过交叉空巷时,工作面集中应力增大,造成巷道煤岩体中原生裂隙不断扩展,破碎程度加大,如果采用不适当的维护措施,巷道围岩变形愈加激烈,最终导致巷道破坏,破坏后的巷道围岩将更加破碎,再生裂隙更加发育,为巷道支护和工作面的正常推进带来极大困难。

（4）安全隐患多。有些空巷由于遗留时间较长,长时间处于无支护状态的空巷巷道坍塌冒落,年久失修的空巷内聚集的瓦斯、硫氧化物、氮氧化物等有害气体及水可能涌入工作面,给工作面安全生产造成安全隐患。冒落的煤岩体胶结性差,在工作面推进至空巷冒落区时,冒落的煤矸石涌入工作面,伴随着大面积的空顶现象,在分层开采、放顶煤综采时极易发生片帮、冒顶、顶板事故,发生严重的安全生产事故。

2.4　厚煤层空巷的处理方法

在超前支承压力的作用下,空巷上覆岩体发生一定程度变化,巷道围岩应力急剧上升,引起较大程度的巷道围岩变化。以大采高一次采全高工作面为例,空巷在受到工作面的采动影响时,空巷与上覆岩体关键结构的剖面关系见图 2-11。

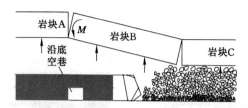

图 2-11　空巷和上覆岩层大结构的关系(一次采全高,沿底空巷)

关键结构处于空巷上方,并因为空巷与关键结构之间有顶煤和直接顶,因而两者之间有一定距离,并且空巷由于存在时间长,围岩受到应力的挤压而受到破坏,变形严重,降低了对基本顶的支撑能力,因此上覆岩体结构状态在工作面回采过程中受到强烈的采动影响。

(1) 当工作面回采时,随着工作面的推进,工作面与空巷之间的煤柱宽度逐渐减小,在超前支承压力作用下较窄的煤柱破碎、失稳,基本顶的空顶长度突然增加,极易在空巷上方提前断裂,形成岩块 A、B、C。

(2) 由岩块 A、岩块 B 和岩块 C 形成的上覆岩层的大结构不能保持自身平衡,关键块 B 会发生滑落失稳或转动失稳,引起空巷及工作面顶板急剧下沉,矿山压力显现剧烈。实现工作面安全过空巷的基本条件是工作面能够防止岩块 B 发生滑落失稳或转动失稳,即在工作面支架额定工作阻力确定的前提下,必须保证工作面不空顶、空巷顶板具备完整性、顶板下沉量不大(空巷的直接顶板与岩块 B 没有发生离层)、两帮有一定的支撑能力,工作面支架可以把足够的支撑力通过完整的顶板传递给上覆岩层的大结构,从而能够有效地避免岩块 B 发生滑落失稳或转动失稳。

厚煤层开采采煤工艺以一次采全高、放顶煤开采为主,分层开采为辅助,大断面沿底完整空巷宜采用充填支柱支撑法,充填支柱的支撑能力大,单个充填支柱的承载能力可以达到 10 000 kN,随着工作面的不断推进,空巷受工作面超前支承压力越来越强烈,但充填支柱良好的支撑性能和抗变形破坏能力,可以抵抗升高的支承压力对空巷围岩的影响,保证完整的顶板下沉量小,升高的支承压力没有向空巷两帮转移,空巷两帮变形破坏不明显,起到明显的控顶护帮效果,且充填支柱易于采煤机切割,能够保证厚煤层综采工作面安全快速通过沿底空巷。

而沿顶完整空巷则不相适应,主要原因为:① 沿顶空巷的充填支柱顶部和底部至距底板分别为 6~7 m 和 3 m 左右,单个充填支柱重达 4~5 t;② 大采高一次采全高工作面在过沿顶空巷期间,充填支柱极易往工作面倾倒,滚落砸向采煤工作面,砸毁工作面采煤机、刮板输送机,重则出现严重的人员伤亡事故;③ 放顶煤开采时,过此类充填支柱支撑空巷期间,采煤截割底煤即充填支柱下部煤体后,底煤上部的多个充填支柱全部垮塌下来,冲击整个工作面,造成整个工作面设备的严重损坏,整个工作面处于十分危险的状况,对工作面设备和相关作业人员的生命构成了极大的威胁。

因此,厚煤层沿顶完整空巷不能采用充填支柱支撑法,而采用井下移动式充填法,能够形成连续的充填空间,具备浆液自流整体充填空巷的条件,对注浆设施的压力要求不高,以充填灌注为主,充填区域较为集中。若不采用空巷全部充填方式,通常需要在空巷前方25 m 即开始抬高工作面,空巷影响区域仅割顶煤,空巷影响区域结束后,工作面再过渡至煤层底板,造成煤炭资源的浪费,且需要提前对空巷进行二次加固,浪费大量的人力、物力和财力。

　　高水速凝材料充填体具有较高的抗压强度并呈现明显的塑性材料特征,在压力作用下可以允许较大的塑性变形,强度衰减比较缓慢,可以维持较高的残余强度,这种特性作为充填空巷的材料是非常有利的。充填体可以避免在支承压力作用下突然破坏而片帮,相同强度要求条件下,较之脆性材料,利用高水速凝材料可以取更小的安全系数,即可以降低强度要求,有条件使用高水灰比,有利于减少材料用量,降低充填成本。因此,用高水速凝材料充填是解决厚煤层沿顶空巷行之有效的技术途径。

　　沿底冒落空巷和沿顶冒落空巷形态复杂多变,周边破碎区范围大,基本处于无支护状态,在受工作面超前支承压力作用前,基本顶下方的大部分直接顶已垮冒,基本顶活动空间充裕,基本顶断裂后形成的冲击动载荷,加上空巷两帮煤体压酥变形严重,基本顶下沉量很大,若不采取积极有效措施注浆胶结松散冒落煤岩、充填冒空区域和加固周边破碎围岩,分层开采、放顶煤、大采高一次采全等厚煤层综采技术均无法防止上覆岩层的大结构失稳,很难控制关键块 B 的滑落失稳或转动失稳,严重顶板事故的发生在所难免,适宜采用注浆加固法治理冒落空巷,注浆加固法治理是充填法治理空巷的有益补充,通过浆液加固冒落空巷两帮破碎煤体,提高其承载能力,固结和填实松散煤矸,并将胶结成整体煤岩至顶板的富余空间充填满。在封孔、堵漏、加固孔口及钻进异常区松散煤矸时,采用较小水灰比,在灌注加固破碎区矸石时采用较大水灰比,一般为 4∶1 左右。在该水灰比下浆液流动性好,凝结时间长,扩散范围大,单位体积用料少。

3　充填支柱材料及注浆加固充填材料研究

矿用材料研发是厚煤层综采工作面空巷综合治理的技术关键,关系着厚煤层空巷治理的成败,基于厚煤层综采工作面多途径综合治理空巷思路,主要技术途径为充填支柱、注浆加固和空巷充填,分别研发了与之相适应的充填支柱材料、注浆加固材料和空巷充填材料。

3.1　充填支柱材料配比与研究

3.1.1　充填支柱支撑荷载的确定

通过大采高工作面不同距离空巷围岩应力分布及其特征数值模拟分析,结合充填支柱的设计尺寸和布置参数,确定充填支柱支撑载荷。

3.1.1.1　不同阶段空巷围岩应力分布数值模拟研究

(1)模型的建立

将实际开采情况简化为二维平面有限差分弹塑性本构模型,数值计算剖面垂直采区走向选取。各煤岩土层之间为整合接触,岩层内部为连续介质,正常回采过程中涌水来源主要为 3 号煤层上覆砂岩裂隙水,此含水层主要以静水量为主,该裂隙水将随着回采而渗入工作面,正常涌水量预计为 5 m^3/h,最大涌水量预计为 10 m^3/h,因此模型中考虑静水压力的影响。模型几何尺寸沿采区倾向取 300 m,走向取 1 560 m,煤岩层位严格根据采区综合柱状图进行水平布置至地表,无须施加外加载荷。

模拟煤层埋深 369.28 m,厚度 6 m,模型顶部为自由边界,模型四周水平约束,对模型底部边界进行全约束。模型初始平衡采用莫尔-库仑模型进行计算,岩体力学参数见表 3-1。5301 工作面回采需要通过四条空巷,包括:三条平行于工作面倾向方向的空巷(位于 53011 巷与 53017 巷之间,长度约为 40 m,其中第二条空巷约与工作面倾向方向倾斜角度为 45°,长度约 49 m),以及一条垂直于工作面倾向方向的空巷 53017 巷(长度约 194 m)。空巷的支护参数同工作面巷道支护。数值模型见图 3-1。

表 3-1　　　　　　　　　　　　　　煤岩土层岩性及力学参数

岩层	体积模量 K/GPa	剪切模量 G/GPa	重度 γ /(N/m³)	内摩擦角 φ /(°)	内聚力 C /MPa	抗拉强度 σ_t /MPa
泥岩	25.6	23	27 420	27.3	2.3	2.5
泥岩/粉砂岩	29.1	20.05	27 420	27.3	2.3	2.5
细粒泥岩	29.9	17.1	27 640	27.6	2.285	7.1
粉砂岩	29.9	17.1	27 420	27.6	2.285	7.1

岩层	体积模量 K/GPa	剪切模量 G/GPa	重度 γ /(N/m³)	内摩擦角 φ /(°)	内聚力 C /MPa	抗拉强度 σ_t /MPa
煤线/炭质泥岩	7.9	1.2	14 600	14.8	0.73	0.73
石灰岩	29.9	17.1	27 640	27.6	2.285	7.1
粉砂质泥岩	28.3	13.8	27 280	31	2.3	5.97
煤	7.9	1.2	14 600	14.8	0.73	0.73
炭质泥岩	7.9	1.2	27 420	14.8	0.73	0.73
中粒砂岩	28.3	13.8	27 620	31	2.26	6.57

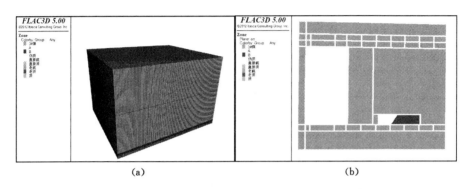

(a)   (b)

图 3-1　三维数值模型及空巷布置

(a) 三维数值模型；(b) 空巷布置

（2）空巷围岩应力分析

从工作面距空巷 100 m 直到工作面到达空巷时，每开挖 5 m 监测空巷顶板处最大主应力及 z 方向应力变化。

通过建立数值模拟得出，从距空巷 100 m 处至到达空巷，空巷顶板应力变化如图 3-2 至图 3-10 所示。

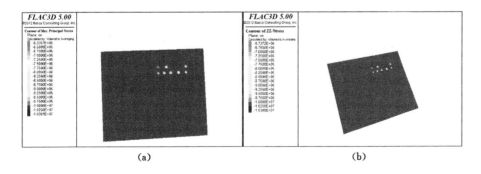

(a)   (b)

图 3-2　工作面距离空巷 100 m 时顶板最大主应力方向和 z 方向应力分布

(a) 最大主应力方向；(b) z 方向应力

通过以上的分析计算，得到如下结论：随开采宽度的逐渐增加，最大主应力及 z 方向应

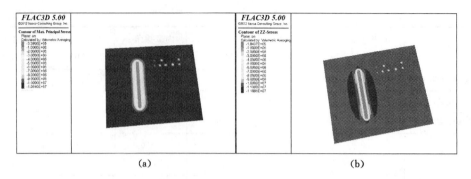

（a）　　　　　　　　　　　　　　（b）

图 3-3　工作面距离空巷 80 m 时顶板最大主应力方向和 z 方向应力分布

（a）最大主应力方向；（b）z 方向应力

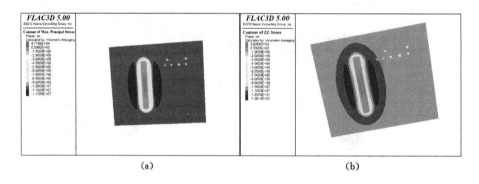

（a）　　　　　　　　　　　　　　（b）

图 3-4　工作面距离空巷 60 m 时顶板最大主应力和 z 方向应力分布

（a）最大主应力方向；（b）z 方向应力

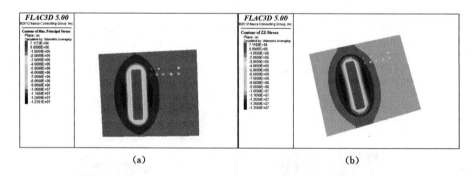

（a）　　　　　　　　　　　　　　（b）

图 3-5　工作面距离空巷 40 m 时顶板最大主应力和 z 方向应力分布

（a）最大主应力方向；（b）z 方向应力

力逐渐增大。最大主应力和 z 方向应力在工作面距离空巷 20 m 至 10 m 增加比较快速，顶板来压明显。当工作面开采至距离空巷 5 m 左右时，最大主应力为 13.375 MPa，z 方向应力为 13.715 MPa。

3.1.1.2　充填支柱支撑荷载的确定

依据寺河矿井下大采高工作面空巷的地质条件、美国多年的应用经验、单个支柱的直径高度参数的设计、单个支柱承载力的设计，拟确定充填支柱在空巷中布置参数为：每个空巷

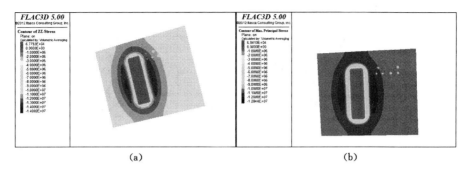

图 3-6 工作面距离空巷 20 m 时顶板最大主应力和 z 方向应力分布
(a) 最大主应力方向；(b) z 方向应力

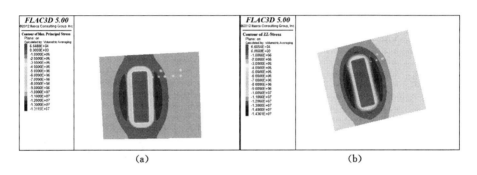

图 3-7 工作面距离空巷 10 m 时顶板最大主应力和 z 方向应力分布
(a) 最大主应力方向；(b) z 方向应力

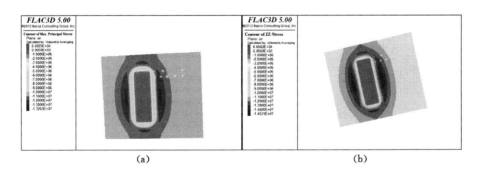

图 3-8 工作面距离空巷 5 m 时顶板最大主应力和 z 方向应力分布
(a) 最大主应力方向；(b) z 方向应力

中布置两排支柱，单排中支柱间隔（边对边间距）为 1.5 m，支柱排间距为 1.7 m。靠近回采侧煤壁充填支柱距离煤壁间距为 500 mm，充填支柱距离另一侧煤壁的距离为 800 mm。

寺河矿井下空巷高度基本在 4.5 m 左右，根据美国多年支柱的应用研究经验，确定此次充填支柱的直径为 1 m、高度为 4.5 m，个别地点依据空巷顶底板具体高度确定充填支柱的高度。

根据寺河矿井下大采高工作面地质资料分析和大采高工作面空巷围岩应力控制计算模拟结果，确定和设计单个充填支柱的承压荷载要大于 10 000 kN（即 1 000 t）。

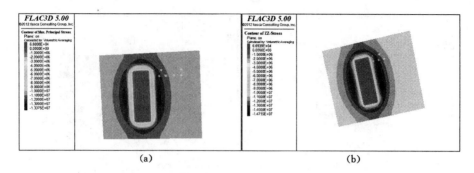

图 3-9　工作面完全揭露空巷时顶板最大主应力和 z 方向应力分布

（a）最大主应力方向；（b）z 方向应力

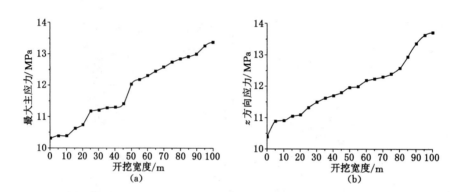

图 3-10　最大主应力变化和 z 方向应力变化

（a）最大主应力；（b）z 方向应力

整个空巷单位面积（1 m²，下同）顶板支撑荷载值按照式（3-1）可计算得出。

$$N = 4N_1/W(L+2) \qquad (3\text{-}1)$$

式中　N_1——单个充填支护的承压荷载值，kN；

　　　W——空巷宽度，m；

　　　L——每排中充填支柱的间距，m；

　　　N——单位面积空巷顶板支撑荷载值，kN。

按照空巷宽度为 5 m，每排充填支柱的间距为 1.5 m，计算空巷单位面积顶板支撑荷载值为 2 285.7 kN。

3.1.2　充填支柱材料配方研究

充填支柱材料主要是由超细硅酸盐水泥、硫铝酸盐水泥、铝酸盐水泥、超细矿粉、硅灰等和其他多种无机活性辅助材料混合而成，然后和一定比例的水作用凝固成一定承压强度和综合承载性能的硬化物。

根据上述设计确定的单个充填支柱的直径和承载强度设计要求，在不考虑充填支柱模袋的约束作用对承压荷载的有效作用外，仅仅考虑充填支柱材料本体的单轴承压性，按照式（3-2）计算充填支柱材料的本体抗压强度值。

$$p = N_1/[3.14(D/2)^2] \qquad (3\text{-}2)$$

式中　N_1——单个充填支柱的承压荷载值，kN；

　　D——单个充填支柱的直径，m；

　　p——单个充填支柱的单轴静态抗压强度，N/mm²（1 N/mm²＝1 MPa）。

　　按照上述设计值，N_1 为 10 000 kN，D 为 1 m，计算单个充填支柱材料的本体单轴静态抗压强度值为 12.7 MPa。与数值模拟计算的结果一致。

　　依据设计要求的充填支柱材料单轴静态抗压强度值，来确定和研究充填支柱材料的配方和合适的水料比。

3.1.2.1　充填支柱材料配方研究机理

　　充填支柱材料的主要原料为硅酸盐水泥、硫铝酸盐水泥、铝酸盐水泥、高强石膏、纳米硅灰、超细矿渣粉等，以及其他多种特殊性能的小料（增稠剂、调凝剂等）。在与水混合后发生的水化凝胶反应是个复杂的多种凝胶结晶体成型过程。一种是硅酸盐水泥、纳米硅灰、超细矿渣粉为主的 C2A、C3A 与水反应生成水泥石凝胶体系；一种是硫铝水泥和石膏与水反应生成钙矾石凝胶体系。各种凝胶晶体结构、凝胶体相结合程度、晶体排布、密实度、孔隙率、结合水、自由水空间分布将很大程度上决定支柱材料的强度、变形性、耐久性、抗风化能力、流动性、凝固时间等性能。这种既有硅酸盐水泥水化水泥石凝胶体系，又有钙矾石凝胶体系，两种主要凝胶体的协同杂化作用的复合材料体系，国内研究较少，相应的机理研究也少见报道。因此，本节从研究水硬性胶凝材料水化物特性入手，通过正交试验分析，从而得到水硬性胶凝材料、填料、调凝剂等组分合理配比，研究调整用水量，优化工艺参数，满足强度、变形性及施工工艺性能要求。

　　水硬性胶凝材料与水反应形成新的固相物质，各种水化产物可共同组成无规网络结构，形成水泥石。含水量、水泥成分、填料成分等不同，可得到不同性能的硬化材料。

　　（1）硅酸盐水泥矿物水化反应

　　硅酸盐水泥、纳米硅灰及超细矿渣粉主要矿物有硅酸二钙、硅酸三钙，以及很少量的铝酸三钙、铁铝酸四钙。水泥水化初期生成了许多胶体大小范围的晶体如 C-S-H 凝胶和一些大的晶体如 Ca(OH)₂ 包裹在水泥颗粒表面，这些细小的固相质点靠极弱的物理引力使彼此在接触点处黏结起来，而连成一空间网状结构，形成凝聚结构。由于这种结构是靠较弱的引力在接触点进行无秩序的黏结在一起而形成的，所以结构的强度很低而有明显的可塑性。以后随着水化的继续进行，水泥颗粒表面不大稳定的包裹层开始破坏而水化反应加速，从饱和的溶液中就析出新的、更稳定的水化物晶体，这些晶体不断长大，依靠多种引力使彼此黏结在一起形成紧密的结构，即形成结晶结构。这种结构比凝聚结构的强度大得多。水泥浆体就是这样获得强度而硬化的，此间，在宏观上表现为水泥浆由初凝向终凝转变。随后，水化继续进行，从溶液中析出新的晶体和水化硅酸钙凝胶不断充满在结构的空间中，水泥浆体的强度也不断得到增长。

　　硅酸钙水化：

$$2C_3S + 11H \longrightarrow C_3S_2H_8 + 3CH \quad （硅酸三钙水化）$$

$$2C_2S + 9H \longrightarrow C_3S_2H_8 + CH \quad （硅酸二钙水化）$$

所得产物为以凝聚态形式存在的 C-S-H 凝胶。

　　铝酸三钙水化：

$$C_3A + 3C\overline{S}H_2 + 26H \longrightarrow C_6A\overline{S}_3H_{32}$$

所得物质为以三十二水三硫铝酸六钙为主的钙矾石体系；在石膏不足的情况下，会得到十二水单硫酸铝四钙。此外,铝酸三钙极易与水反应形成铝酸钙凝胶。

铁盐相水化:

$$3C_4AF+3C\overline{S}H_2+28H \longrightarrow 3C_4(A,F)\overline{S}H_{12}+(F,A)H_3$$

上述四种物质,铁盐相、铝酸三钙、硅酸三钙水化速度最快,主要提供早期强度;而硅酸二钙水化速度最慢,主要提供后期强度。

(2)硫铝酸盐水泥矿物水化反应

硫铝酸盐水泥主要矿物 $C_4A_3\overline{S}$ 和 β-C_2S,$C_4A_3\overline{S}$ 能在低氢氧化物浓度下水化,可形成短而粗壮的针状钙矾石晶体,由于钙矾石晶体体积较大,可以有效填充自由水空间,从而提高密实度,增大强度,在低水灰比情况下,早期强度增加尤为明显,凝结硬化 3 h 后,强度超过 7 MPa。钙矾石形成将伴有快速放热,可加快水泥水化和凝结。主要反应式如下:

$$C_4A_3\overline{S}+2(CaSO_4 \cdot 2H_2O)+34H_2O \longrightarrow 3CaO \cdot Al_2O_3 \cdot 3CaSO_4 \cdot 32H_2O+2(Al_2O_3 \cdot 3H_2O)$$
$$C_4A_3\overline{S}+8CaSO_4+6CaO+96H_2O \longrightarrow 3(C_3A \cdot 3CaSO_4 \cdot 32H_2O)$$
$$\beta\text{-}C_2S +2H_2O \longrightarrow C\text{-}S\text{-}H +Ca(OH)_2$$

硫铝酸盐水泥中水化反应可形成氢氧化钙晶体、钙矾石晶体、C-S-H 凝胶和铝酸钙凝胶混合体系,研究表明,硫铝酸盐凝胶体系和硅酸盐凝胶体系按一定比例混合时,可出现闪凝现象,该现象基于双电层理论。

(3)铝酸盐水泥矿物水化反应

铝酸盐水泥主要矿物为铝酸一钙和铝酸二钙,水化时各矿物与水反应可快速形成不定型水化铝酸钙凝胶,主要有 CAH_{10} 和 C_2AH_8 两种六方晶系微晶,在石膏作用下,可生成钙矾石和氢氧化铝凝胶。主要水化反应方程式为:

$$CaO \cdot Al_2O_3+10H_2O \longrightarrow CaO \cdot Al_2O_3 \cdot 10H_2O$$
$$2(CaO \cdot Al_2O_3)+ 11H_2O \longrightarrow 2CaO \cdot Al_2O_3 \cdot 8H_2O$$

(4)在石膏的影响下水化作用

主要水化反应方程式为:

$$3(CAH_{10})+3CaSO_4+8H_2O \longrightarrow 3CaO \cdot Al_2O_3 \cdot 3CaSO_4 \cdot 32H_2O +2(Al_2O_3 \cdot 3H_2O)$$
$$3(C_2AH_8)+6CaSO_4+43H_2O \longrightarrow 2(3CaO \cdot Al_2O_3 \cdot 3CaSO_4 \cdot 32H_2O)+Al_2O_3 \cdot 3H_2O$$

铝酸钙水泥水化速度很快,伴有大量的水化热出现,早期强度发展迅速,在与水拌和 24 h 内,铝酸钙水泥强度可超过硅酸盐水泥 7 d 强度,可达到最终强度的 3/4。而且部分由于水化热高的缘故,铝酸钙水泥在低温环境下强度增加比硅酸盐水泥更好。

铝酸钙水泥水化形成的水化物一般是 CAH_{10} 和 C_2AH_8 的混合物,在温度超过 30 ℃时会逐步发生晶型转变,得到 C_3AH_6,会导致体积变化从而使固结体内孔隙率增加,微观结构破坏,宏观上强度损失。

(5)水硬性石膏水化反应

石膏是硫酸钙胶结料,其水化主要以半水石膏与水反应,生成二水石膏,从而凝固硬化。化学反应式:

$$C\overline{S}H_{1/2}+H \longrightarrow C\overline{S}H_2$$

石膏有凝结硬化快、强度发展迅速的特性,凝结时间可以通过外加剂进行控制。石膏作为结构材料使用主要的缺点是不耐水,其在水中很容易溶解,过多的石膏掺入水泥中会严重影响水泥的凝结时间,也会引起硫酸盐侵蚀。

3.1.2.2　充填支柱材料配比试验研究

充填支柱材料性能受不同材料水硬性、胶凝材料生产物结晶体含量及复杂体系中协同作用影响等,表现出不同的施工工艺性能和综合物理力学性能。通过对材料强度、变形性、泵送距离、凝结时间、固化时间等参数确认,采用正交试验方法,确定最优强度配合比。在获得最优强度配合比条件下,对材料可泵性、凝结时间、固化时间、泌水情况适当调节。

3.1.2.3　充填支柱材料试验配方设计

充填支柱材料配合比设计以各种胶凝材料之间的比例为主,其他增稠剂、调凝剂等添加剂以控制材料泵送性能为要求,不在配合比设计中考察。充填支柱材料中主要的胶凝材料是硅酸盐水泥、硫铝酸盐水泥、石膏,因此试验主要以这三种原料按不同掺量比例进行正交试验。本章研究以水灰比 1.5 为基础,依据美国开始提供的支柱材料配方为基础确定这三种原料的四个不同水平,主要设计如下:

硅酸盐水泥主要在充填支柱材料中贡献后期强度、早期部分强度,因此它在配方中的百分比设计为 15％,25％,35％,45％ 四个水平;硫铝酸盐水泥主要提供早期强度、较高水料比下的快速凝固成型作用,以及对充填支柱材料泌水性控制、浇筑工艺控制有利,其配方中的百分比设计为 40％、50％、60％、70％ 四个水平进行考察;石膏主要是为充填支柱材料在高水灰比条件下为体系内部提供足够的 $CaSO_4$ 与胶凝材料反应生成钙矾石的作用,但过多石膏会影响材料强度,因此掺量较少,在配方中的百分比设计为 10％、20％、30％、40％ 四个水平。硫铝酸盐水泥(A)、硅酸盐水泥(B)、石膏(C)代表的因素水平如表 3-2 所示。

表 3-2　　　　　　　　　　充填支柱配方主要原料配比正交设计表

	因　素		
	硫铝酸盐水泥/％(A)	硅酸盐水泥/％(B)	石膏/％(C)
1	40	15	10
2	50	25	20
3	60	35	30
4	70	45	40

由表 3-2 可知,本次正交试验为三因素四水平,根据因素水平,正交试验方案取四因素四水平 $L16(4^4)$ 正交试验表前三列,共计 16 种试验方案。

(1) 样品制备

试验按配合比将硅酸盐水泥、硫铝酸盐水泥、石膏、增稠剂、调凝剂和水使用高速搅拌机搅拌 2～3 min,随后缓慢搅拌 1～2 min,制备支柱材料浆体。将制备完成的浆体迅速一次性浇注入模,在实验室条件下覆盖塑料薄膜养护 24 h 后脱模。所得试块放入标准养护箱养护,养护环境湿度 95％ 以上,养护温度 23 ℃±2 ℃。具体流程如图 3-11 所示。

标准养护箱养护 28 d 后取出材料样块,根据企业标准,测定抗压强度采用 100 mm×100 mm×100 mm 立方体试件,每组样块试验数量为 3 块。试块在室温下晾干 2 h 后采用 YAW300kN 型恒应力压力试验机测试强度,加载速度为 2.5～3 kN/s。当试块受压极限破坏时,压力试验机显示出现陡降,此时测得材料最大抗压强度值。

(2) 充填支柱样块抗压试验

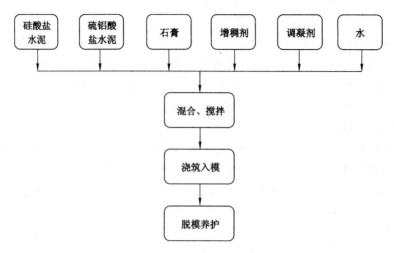

图 3-11　样品制备流程

对 16 组 48 块试块进行抗压强度试验,试验结果平均值如表 3-3 所示。通过表 3-3 正交试验的结果可以得出:

① 充填支柱材料在水灰比 1.5 情况下,抗压强度与各水硬性胶凝材料在组分中的质量百分含量有很大关系。表 3-3 中,编号 008(A2B4C3 组合)强度最低为 5.52 MPa,编号 005(A4B1C2 组合)强度最高为 12.31 MPa,强度偏差指数 2.23。

② 充填支柱材料抗压强度各因素的影响程度从大到小排列为:C>A>B,即石膏掺量影响最大,其次是硫铝酸盐水泥掺量,随后是硅酸盐水泥掺量。

③ 充填支柱强度抗压试验中能使试样抗压强度达到最优的组合理论上是 A2B1C2,即硫铝酸盐水泥掺量 50%、硅酸盐水泥掺量 25%、石膏掺量 20%。

表 3-3　　　　　　　　　充填支柱材料抗压强度正交试验结果

样品编号	硫铝酸盐 水泥/%(A)	硅酸盐 水泥/%(B)	石膏/%(C)	空列(D)	抗压强度平均值/MPa
001	1(40)	1(15)	1(10)	1	7.58
002	1(40)	2(25)	2(20)	2	8.42
003	1(40)	3(35)	3(30)	3	6.45
004	1(40)	4(45)	4(40)	4	5.88
005	2(50)	1(15)	2(20)	3	12.31
006	2(50)	2(25)	1(10)	4	10.25
007	2(50)	3(35)	4(40)	1	8.31
008	2(50)	4(45)	3(30)	2	5.52
009	3(60)	1(15)	3(30)	4	7.84
010	3(60)	2(25)	4(40)	3	6.87
011	3(60)	3(35)	1(10)	2	5.64

样品编号	硫铝酸盐水泥/%(A)	硅酸盐水泥/%(B)	石膏/%(C)	空列(D)	抗压强度平均值/MPa
012	3(60)	4(45)	2(20)	1	7.68
013	4(70)	1(15)	4(40)	2	6.35
014	4(70)	2(25)	3(30)	1	9.81
015	4(70)	3(35)	2(20)	4	9.23
016	4(70)	4(45)	1(10)	3	8.72

（3）试验结果的理论分析

水硬性胶凝材料配合比不一样，其强度变化很大。硅酸盐水泥水化形成凝聚态 CSH 凝胶和硫铝酸盐水泥水化形成 AH 凝胶充填整个内部体系，在石膏、CH 等水化产物作用下，材料内部晶体生长动力学上受各种成分浓度的影响较大。编号 008 组合，硫铝酸盐水泥、硅酸盐水泥、石膏比例为 1.7：1.5：1，材料 28 d 强度 5.52 MPa，材料内部各组分比例比较均匀，石膏、C 含量过高（浆体 pH 提高），因此内部致密化、CSH 凝胶固化、钙矾石晶体生长等受石膏和氢氧化钙抑制，导致最终强度降低；而编号 005 组合硫铝酸盐水泥、硅酸盐水泥、石膏比例为 2.5：0.75：1，材料 28 d 强度 12.31 MPa，硫铝酸盐水泥水化产物在石膏的作用下生成钙矾石结晶，钙矾石晶体体积较大，可有效填充自由水空间，使整体更加致密，最终提高材料抗压强度。

（4）不同水灰比下支柱材料强度对比

按正交试验优选配比 A2B1C2 即硫铝酸盐水泥掺量 50%，硅酸盐水泥掺量 25%，石膏掺量 20% 为基础比例进行不同水灰比试验，即支柱材料强度对比试验。主要水灰比及强度情况如表 3-4 和图 3-12 所示。

表 3-4　　　　　　　　　　充填支柱材料在不同水灰比下的试验结果

序号	水灰比	湿密度/(kg/m³)	单方用料量/(kg/m³)	28 d 抗压强度/MPa
1	0.8	1 550	856	20.5
2	1.0	1 450	725	18.3
3	1.3	1 380	600	16.5
4	1.5	1 340	536	12.5
5	2.0	1 280	426	5.2
6	2.5	1 200	345	3.8

通过上述试验结果，进一步确定了充填支柱材料在 1.0、1.3、1.5 三种水灰比下从 1 d 到 28 d 不同龄期的强度增长情况详细试验，试验结果如表 3-5 和图 3-13 所示。

表 3-5   充填支柱材料不同龄期抗压强度变化情况试验结果

序号	龄期	抗压强度/MPa		
		水灰比 1.0	水灰比 1.3	水灰比 1.5
1	1 d	7.88	5.33	4.81
2	3 d	11.25	9.46	7.69
3	7 d	14.36	12.58	8.97
4	14 d	16.81	14.07	10.33
5	28 d	18.32	16.51	12.32

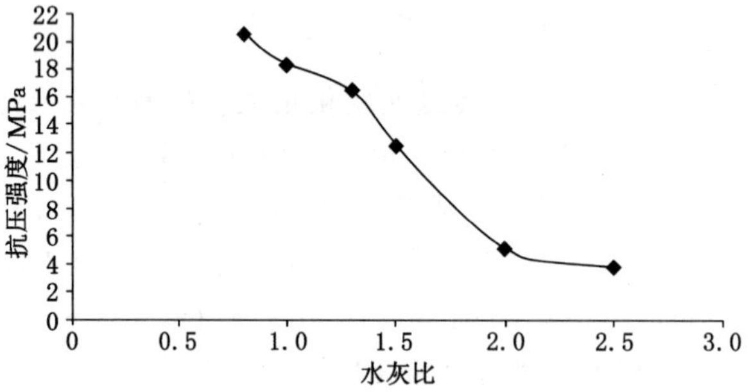

图 3-12 不同水灰比材料强度(28 d)关系

从试验结果可以看出,充填支柱的配方在 1.0、1.3 和 1.5 三种不同水料比下,其抗压强度在 14 d 后增长速度就很慢,基本达到 28 d 强度的 85% 左右,与传统的硅酸盐水泥水化强度的趋势有很大的不同,与传统的硫铝酸盐水泥的强度在 7 d 以后就基本不太增长、在高水料比下甚至在 14 d 后要出现下降的趋势也有很大的不同。

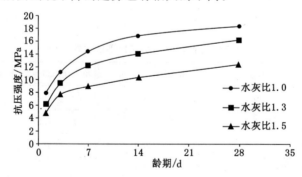

图 3-13 充填支柱不同水灰比不同龄期下的抗压强度变化曲线

(5) 充填支柱材料在确定水料比下的黏度变化试验

在确定充填材料水灰比为 1.3 下,具体研究了材料与水混合后其黏度的变化情况。因为浆料的黏度变化直接影响到充填支柱材料的泵送工艺性能和现场支柱充填成型工艺性能。图 3-14 是充填支柱材料与水混合后黏度随时间变化情况,黏度的变化直接反映出材料的可泵送时间,直接影响配套施工泵的泵送工艺以及支柱的有效成型、支柱的快速成型、成型的稳定性、支柱的垂直度等关键因素。黏度的变化直接反映材料与水反应的情况,也与支柱材料的固化和强度的变化相关。因此,支柱的黏度变化是配方调节控制的一项重要指标。

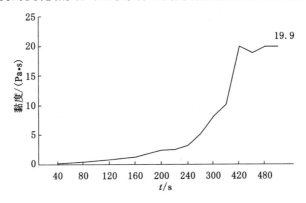

图 3-14 充填支柱材料与水混合后黏度随时间增长曲线图

3.1.3 充填支柱充填模袋关键参数确定与制作

根据美国引进的技术要求和以往的应用经验,设计了支柱充填模袋制作的几个关键参数:

(1) 模袋的尼龙纤维布规格要求:垂直轴向断裂伸长率为 20%,拉伸力为 3 000 N;平行于轴向断裂伸长率为 30%,拉伸力为 1 900 N。

(2) 模袋的防水性:要求模袋尼龙纤维布涂覆层密封不透水。

(3) 模袋的加筋规格要求:加筋钢丝规格直径为 2.65 mm,抗拉强度为 21 MPa 左右,焊接牢固。

(4) 模袋加筋布置要求:模袋中加筋布置为每隔 13~15 cm 加一道筋。加筋要与模袋纤维布固定牢靠,贴服成一体,不得脱开,如图 3-15 所示。

(5) 模袋悬挂孔设置:模袋顶部设计 4 个悬挂孔,以便现场能用铁丝悬挂固定于井下巷道顶板锚网上,如图 3-16 所示。

图 3-15 支柱模袋加筋及之间间距照片

图 3-16 充填支柱模袋顶部挂钩孔照片

(6) 模袋最底层和最顶层不设置钢丝加筋,如图 3-17 和图 3-18 所示。

(7) 模袋注浆口规格:模袋注浆口设置在顶层第二个间隔位置。孔径规格约为 50 mm。另外,在模袋顶部中间设置一个排气孔,以便注浆时模袋中的空气及时排走,如图 3-19 所示。图 3-20 是充填支柱模袋整体照片(直径 1 000 mm,高度 4 500 mm)。

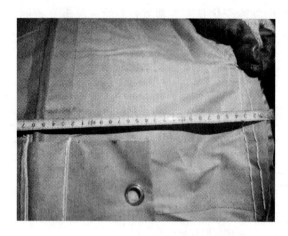 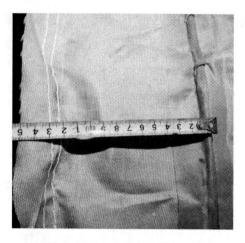

图 3-17　充填支柱模袋顶部结构照片　　　图 3-18　充填支柱模袋底部结构照片

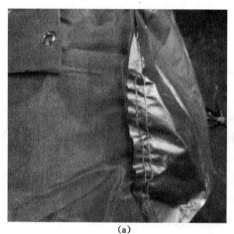 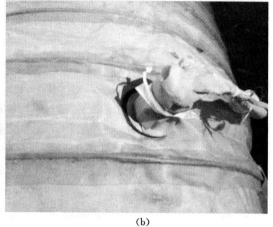

(a)　　　　　　　　　　　　　　　　　(b)

图 3-19　充填支柱模袋顶部排气孔和注浆口照片

(a) 充填支柱模袋顶部排气孔照片；(b) 充填支柱模袋注浆口照片

图 3-20　整个充填支柱模袋照片(袋内充气状态)(ϕ1 000 mm×4 500 mm)

3.1.4　充填支柱让压层设计理论

考虑到充填支柱在井下空巷支护应用中会存在三种情况，需要在充填支柱上部设计让压层结构,以便更有效地确保充填支柱在井下复杂条件下实现其整体的支护承载作用。

一种情况是工作面瞬间动压的衰减保护作用:充填支柱在空巷中支护后,随着工作面回采逐渐接近过来,顶板来压会是个动态过程,其瞬间来压可能会超过充填支柱的承载强度,如果在充填支柱上部设置具有一定变形能力的让压层结构,就可以在顶板受动压时实现瞬间让压,瞬间衰减及时动压对充填支柱的冲击作用,确保充填支柱对顶板的有效稳定的支护作用,见图 3-21。

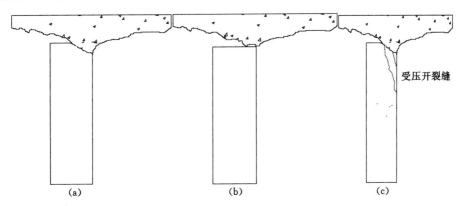

图 3-21　无让压层结构充填支柱在顶板初次来压受压逐步破坏示意图
(a) 无让压层支柱初次来压接顶;(b) 无让压层支柱施工接顶;(c) 无让压层支柱顶板来压受力情况

另一种情况是保护顶板不规则表面结构或不规则来压方向对充填支柱的劈裂性破坏:煤矿井下空巷顶板表面是不规则表面状态(围岩凹凸不平状、金属网或钢带等影响),而且顶板随着工作面回采推进过来时,顶板下沉或来压可能不会绝对垂直于充填支柱表面或底板表面方向,不会与室内试验一样是垂直均匀施压于充填支柱表面,这样就不能实现充填支柱整体对顶板的有效承载作用,就会发生充填支柱表面局部承载顶板来压,进而被顶板来压把充填支柱一点一点地劈裂破坏掉,无法保证整个充填支柱的整体承压性。因此,在充填支柱顶部设置具有一定变形能力的让压层结构,就可以确保在顶板来压不规则或不垂直于充填支柱表面时,让压变形层能在变形中让顶板不规则来压方向时能很快让压变形自动找平顶板不规则来压,从而实现顶板最终是整体均匀地作用于充填支柱的整个表面,实现充填支柱整体性地对不规则顶板结构和不规则来压情况下的有效支护作用,见图 3-22。

第三种情况是为了更有利于和充填支柱在施工时充分接顶:由于充填支柱浆料在凝固前黏稠度很稀,流动性非常好,不利于充填支柱材料直接在模袋中实现充分接顶。而采用具有一定让压变形结构的接顶材料其稠度较大,且流动性好,更有利于接顶,确保充填支柱的有效支护性。

3.1.5　充填支柱试验样块室内试验研究

在基本确定好充填支柱材料配方和室内综合性能测试确定后,为更好研究分析充填支柱的实际承载强度性能,分别进行了在室内缩小比例制作了充填支柱试验样块和实际相近的直径高度试验样块模型试验。

其中缩小比例模型尺寸为 $600 \text{ mm}(H) \times 200 \text{ mm}(D)$,试验样块分为无充填模袋模型和充填支柱充填模袋并按照现场应用一样浇筑满充填支柱材料的样块。同时,充填模袋模

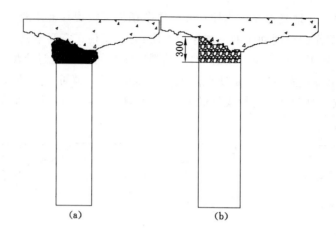

图 3-22 有让压层结构充填支柱在顶板来压后的受力情况示意图

(a) 有让压层支柱初次来压接顶；(b) 有让压层支柱施工接顶

型分别按照设置让压层和不设置让压层两种模型进行压力试验，试样的测试龄期为 20 d。充填支柱试验照片如图 3-23 和图 3-24 所示。实验应力位移曲线如 3-25、图 3-26 和图 3-27 所示。

图 3-23 充填支柱试验样块照片

(a) 无充填模袋成型的充填支柱样块；(b) 有充填模袋成型的充填支柱样块

考虑到试验压力机承压断面要求，实际应用的大尺寸试验样块模型尺寸为：3 000 mm(H)×600 mm(D)。

（1）室内缩小高度和直径比例充填支柱样块试验

试验委托北京煤科院煤炭工业北京锚杆产品质量监督检验中心进行测试，实验室仪器为 SHT4106—W 微机控制电液伺服万能试验机，最大荷载 1 000 kN。其中，试验样块是在实验室内成型并养护到 14 d 龄期后进行测试。

根据上述测试，试验结果统计关键数据如表 3-6 所示。

（a）　　　　　　　　　　　　　　（b）

图 3-24　充填支柱模型室内抗压实验照片

（a）无充填模袋充填支柱模型受压照片；（b）有充填模袋充填支柱模型受压照片

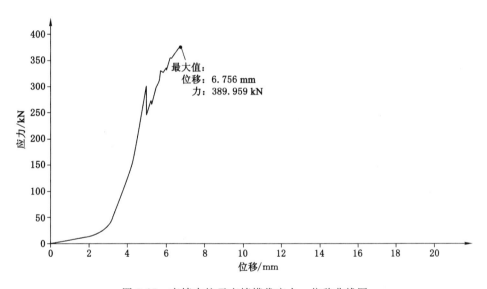

图 3-25　充填支柱无充填模袋应力—位移曲线图

表 3-6　　　　　　　　　充填支柱室内缩小样块模型压力试验数据对比表

充填支柱试验样块类型	第一屈服点应力、应变值		第二屈服点应力、应变值		残余强度/MPa	备注
	应力	应变	应力	应变		
无充填模袋支柱样块	389.9 kN （38.99 t） （12.42 MPa）	1.12%	—	—	—	脆性破碎
充填模袋支柱样块（无让压层）	192.72 kN （19.27 t） （6.14 MPa）	0.5%	475.82 kN （47.58 t） （15.15 MPa）	2.34%	12.74～9.55 （39.8～30 t）	屈服破坏
充填模袋支柱样块（有让压层）	480 kN （48 t） （15.29 MPa）	7.83%	583.93 kN （58.39 t） （18.60 MPa）	9.0%	12.74～9.55 （39.8～30 t）	屈服破坏

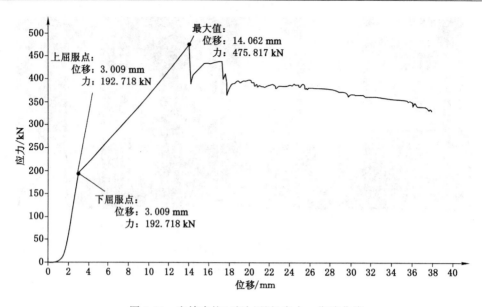

图 3-26　充填支柱(无让压层)应力—位移曲线

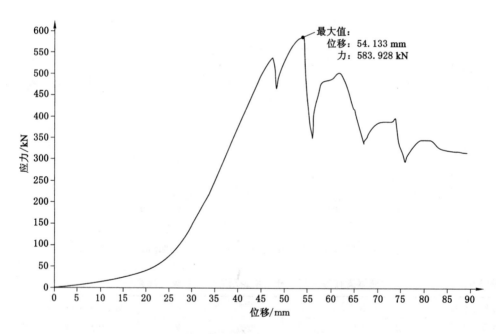

图 3-27　充填支柱(上部设置让压层)应力—位移曲线

根据试验应力—位移曲线图和统计数据,可以得出以下几点结论:

① 从图 3-25 可看出,没有充填模袋的充填支柱材料的圆柱形模型试块的抗压强度比标准试验样块(150 mm×150 mm×150 mm)的抗压强度稍微偏低(标准试验试块的抗压强度为 14~15 MPa),主要是因为较大的圆柱形样块成型误差会较大,同时顶底面的平整度也难以达到标准样块的要求,因此强度会偏低。

② 从图 3-26 和图 3-27 可以看出:充填支柱材料充填入支柱模袋后的强度有一定的提高,提高值能达到 50%左右。尤其是顶部设置有让压层的样块。这主要是充填模袋及其钢

丝加筋整体对样块有一定的限制约束作用,而不仅仅是单轴受压,模袋及其钢丝加筋对样块在受压下能控制初期内部微裂纹产生、限制微裂纹扩展速度,进而有效地提高了支柱的整体承载力。而有让压层结构,又能起到顶部来压时让压层适应变形并实现顶底部最后达到均匀受压;如果没有让压层,顶底部在受压时难以实现均匀受压,可能会出现来压时顶底部接触面局部受力,局部造成先劈裂破坏,再继续整体劈裂破坏。这在实际应用中,当巷道顶板来压时,顶板也是不规则、不均匀的,有了让压层可以实现顶板能缓慢找平,实现支柱顶底部全断面较均匀地整体受力承载,从而能保证支柱的有效支撑荷载。当然让压层最大的作用是可以在顶板初期突然来压时能快速衰减突然来压,实现"让-抗"支护的理念。

③ 从图3-25可以清楚看出,没有支柱模袋约束和让压结构,支柱承压试验过程呈现的是典型的脆性破坏情况,达到支柱的承压最大值后,整个支柱就立即碎开几乎没有了任何强度。这种破坏形式与普通混凝土结构和其他无机非金属脆性材料的破坏一样。当然从图中还可以看出,充填支柱的受压变形性比普通混凝土或其他脆性材料的受压变形性要大一个数量级以上,因此相对于普通混凝土或其他脆性材料砖等,充填支柱的塑性变形要大,弹性模量要低得多,这在根本上也有利于井下动压下的支护应用。

④ 从图3-27可以清楚看出,有充填模袋并设置让压层结构的充填支柱有很好的让压变形过程、两个屈服受力变形过程,以及后期较高的残余强度支撑力。这样的受力特征,在井下支护应用中可实现顶板初期来压时,能瞬间衰减掉顶板初期突然来压,然后支柱发挥自身的高支撑力作用,随后顶板的不同阶段来压支柱仍可以发挥自身的屈服受力特点和后期较高的残余强度实现对顶板的稳定、有效的支护作用。同时,支柱本身具有的较大断面支撑支护特点,也有力地保障了顶底板的整体稳定性控制。

(2) 大尺寸(直径、高度)充填支柱试验样块试验

试验是在北京煤科院煤矿支护设备测试中心进行,试验仪器设备为国内唯一拥有的科技部重点科研项目——大直径液压支柱和支架卧式试验台,最大荷载12 000 kN。试验样块尺寸为:$3\ 000\ mm(H) \times 600\ mm(D)$。试验过程照片如图3-28、图3-29和图3-30所示,试验测试结果如图3-31所示。

图3-28　泵送充填支柱承压破坏前后对比照片

图3-29　大直径液压支柱和支架卧式试验台

(a)   (b)

图 3-30　大直径充填支柱试验过程照片

(a) 样块起吊过程中；(b) 样块放入承压箱内

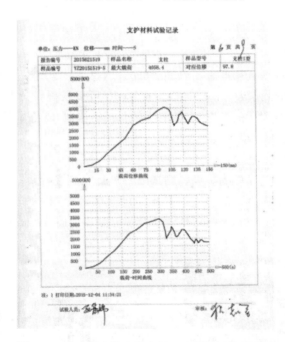

图 3-31　大直径充填支柱实际承压荷载试验曲线图

从图 3-31 试验承压荷载曲线可以看出，直径 600 mm 高度 3 000 mm 的充填支柱实际测试最大承压荷载为 4 000 kN 左右，屈服残余荷载为 3 500 kN 左右。根据其承压断面面积换算成最大抗压强度值为：

最大抗压强度：$400 \times 1\,000 \times 10/300 \times 300 \times 3.14 = 14.15$ MPa

屈服残余抗压强度：$350 \times 1\,000 \times 10/300 \times 300 \times 3.14 = 12.38$ MPa

从以上试验结果可以看出，充填支柱材料的抗压强度能达到 13 MPa 以上。室内不同比例充填支柱模型样块测试结果如表 3-7 所示。

表 3-7 不同高度直径充填支柱模型样块承压试验结果数据表

序号	支柱试验模型样块尺寸	最大承压荷载/kN	屈服残余承压荷载/kN	理论上按照支柱直径为 1 m 计算承压荷载/kN
1	$D=200$ mm, $H=600$ mm	470~580	300~390	$47 \times 25 \times 10 = 11\ 750$
2	$D=600$ mm, $H=3\ 000$ mm	4 000	3 500	$400 \times 25/9 \times 10 = 11\ 110$

从表 3-7 可以看出,通过不同直径和高度充填支柱样块的实际承载试验结果,按照其承载断面面积与 1 m 直径充填支柱的断面面积关系,推算出 1 m 直径的充填支柱的最大承压荷载几乎相等。说明室内试验充填支柱的承载性对实际应用中支柱的承载力具有较好的一致性参考作用。

3.2 新型双液无机注浆加固材料配比与研究

新型双液注浆材料是针对完全冒落型空巷施工所研发的注浆加固材料。高性能双液无机注浆材料是采用 A、B 两种组分的无机材料,两种组分均为无机粉料。A 组分以硫铝酸盐水泥为主,辅以一定比例的外加剂,B 组分以硬石膏和生石灰为主,辅以一定比例的添加剂。单组分加水搅拌后能够保持(2~6 h)不凝。两组分混合后能够迅速凝固,凝固时间可以根据现场需要调整。该材料具有速凝早强的特点,2 h 强度可达到 15 MPa,7 d 强度可以达到 28 d 强度的 85% 以上。因此,该材料较适用于破碎煤岩体注浆加固,能够有效地防止注浆过程中漏浆现象。

3.2.1 硫铝酸盐水泥硬化机理及研究现状

普通硅酸盐水泥(简称 OPC)和硫铝酸盐水泥(简称 CSA)水化过程是两个过程,OPC 熟料的主要矿物成分有 4 种:硅酸三钙(C_3S)、硅酸二钙(C_2S)、铝酸三钙(C_3A)和铁铝酸四钙(C_4AF),其中 C_3A 和 C_3S 主要是早期水化,C_2S 的水化速度相比较慢,起到增加后期强度的作用。添加石膏后 C_3A 与其迅速生成了钙矾石(简称 AFt),随后 C_3S 开始水化,生成 C-S-H 凝胶,而石膏与 C_3A 反应生成 AFt,研究发现水化若干天后,水泥硬化浆体中可能存在单硫型水化硫铝酸钙(简称 AFm)等水化产物。

硫铝酸盐水泥是主要矿物成分为无水硫铝酸钙($3CaO \cdot 3Al_2O_3 \cdot CaSO_4$,简写为 $C_4 \cdot A_3 \cdot \overline{S}$)和硅酸二钙,并加入适量石膏磨细制成的早期强度高的水硬性胶凝材料。当 $C_4A_3\overline{S}$-βC_2S 型水泥水化时,发生下列水化反应:

$$C_4A_3\overline{S} + 2C\overline{S}H_2 + 36H \longrightarrow 2AH_3 + C_3A \cdot 3C\overline{S} \cdot H_{32}$$

$$C_4A_3\overline{S} + 18H \longrightarrow 2AH_3 + C_3A \cdot C\overline{S} \cdot H_{12}$$

$$C_2S_3 + nH \longrightarrow \text{C-S-H(I)} + CH$$

$$3CH + AH_3 + 3C\overline{S}H_2 + 20H \longrightarrow C_3A \cdot 3C\overline{S} \cdot H_{32}$$

大量学者研究无水硫铝酸钙的水化特性和水化机理后得出,石膏可以在一定程度上促进无水硫铝酸钙的水化速率,当石膏充足时,石膏与硫铝酸钙反应主要生成钙矾石;当石膏掺量不足时,由于石膏被完全消耗,水化产物主要为单硫型水化硫铝酸钙(AFm)和铝相;在石灰存在的情况下,AFm 固溶体分布在水泥硬化浆体中,同时 C_2S 水化产物中会存在 C-S-

H 与 C_2ASH_8。

关于 CSA 水泥基础研究比较完备，国内外很多学者对其基本的物理性能进行了研究。黄昱霖等研究发现，随着龄期的延长强度不断提高，但是随着石膏掺量增大强度变化不大，在 CSA 水泥水化过程中，石膏会促进熟料的早期水化，具有早强效应。要秉文等研究表明，石膏的掺量会影响产物的生成种类，石膏掺量不足，AFt 转变为 AFm，而石膏掺量过大会影响到水化速度，对强度造成影响。只有石膏掺量合适，才能促进 CSA 水泥水化，浆体结构最密实，强度最高。李加和等研究发现，石膏在 CSA 水泥水化过程中起双重作用，一是，由于 AFt 生成速度过快覆盖了熟料的矿物相与水接触，从而抑制水化；二是，石膏能在反应过程中提高 SO_4^{2-} 浓度，水化产物增长膨胀，使得 C_2S 表面与水结合的机会增加，生成氢氧化钙和周围环境中的铝胶迅速结合，同时促进了 C_2S 的水化。张鸣等研究发现，随着龄期和水化条件不同，形成的钙矾石的形貌不同；石膏不足时生成 AFm，AFm 与溶液中的氢氧化钙二次反应，再次生成钙矾石。

但也有学者持有不同观点，Glasser 等研究发现 CSA 水泥的水化产物取决于石膏的掺量，其中最主要的水化产物是 AFt、AFm、铝相，除此之外，还存在少量水化产物：C-S-H、C_2ASH_8、C_4AH_{10}。水化初期最先生成钙矾石和铝胶，当有石膏参与反应时，会生成 AFm。Peysson 等改变石膏掺量发现，水化 1 d 后，石膏仍在硬化水泥浆体中，且只有当石膏掺量大于 20% 才可以被观察到。产生这一现象的原因可能是水灰比过小，反应过程中缺少水分。

石膏掺量不仅影响了水化产物种类和生成量，而且还影响了水化速率，石膏促进了 CSA 水泥早期水化速率。石膏和熟料颗粒相的颗粒级配对 CSA 水泥水化也会产生一定的影响。Majling 等研究发现，熟料、石膏的颗粒细度对钙矾石的形成速度有很重要的影响；当选用的石膏粒径较大时，水化产物主要是 AFm，甚至还会生成水榴石。

CSA 水泥硬化浆体性质主要取决于胶凝材料石膏的掺量（16%~25%），由于石膏这一作用，国内外许多学者对石膏这一变量进行了研究，通过改变石膏的掺量范围来缩短凝结时间。Wang 等研究了在水灰比为 0.3 条件下，石膏掺量为 15%~20%，水化 1 d 时主要生成 AFt；当石膏的掺量大于 25% 时，水化产物生成时间延长，且试样会发生膨胀。Sodoh 等发现当石膏掺量很高时，会发生膨胀和微裂纹，会使得水泥的强度过低。Peysson 等研究发现，石膏掺量越低，水泥强度才会越来越高。

外加剂一直适用于普通硅酸盐水泥中，外加剂能改变 CSA 水泥的性能，较多材料学者对外加剂对 CSA 水泥的性能影响进行了研究。陈娟等人研究发现，高效 FDN 与 CSA 水泥有较好的相容性，减少了标准稠度需水量，在一定水灰比条件下能加快水泥初期水化速度，但当 FDN 掺量大于 0.8 时，起到了延缓作用；碳酸锂能使 CSA 水泥的凝结时间显著缩短，碳酸锂掺量可加速凝结，增加强度，但掺量过大会造成中后期强度降低。硼酸对 CSA 水泥的凝结时间结果很不稳定，掺量较小只能稍微延缓水泥凝结时间，掺量较大水泥长时间不凝，强度降低。碳酸锂和硼酸的复合外加剂虽能延长凝结时间，但是效果不明显。刘广钧等人在固定早强剂、矿渣粉掺量条件下，通过添加不同掺量的聚羧酸系减水剂，研究发现试样的抗压强度随着减水剂掺量增加先增加后降低，在掺量为 1.2% 时强度最大，这主要因为以羧酸基团和强阴离子磺酸基团作为吸附基，对水泥中离子存在很大的静电斥力作用。F. Winnefeld 等研究了 CSA 水泥的水化特性。S. Berger 等研究了石膏对 CSA 水泥早期水化的影响。韩建国等发现，碳酸锂加速凝结时间，明显缩短水化诱导期，提高水化放热速率和水化热量,使得早期过早形成了致密的水化产物,导致后期水化过程进行缓慢,同时也降低后期强度。Rodger 等发现碳酸锂可以作为铝酸盐水泥的有效促凝剂。吴逸红等研究结果表明,在 CSA 水泥中加入 OH⁻ 会使得钙矾石的生成加速,提高水泥早期强度,但后期强度降低;阎培渝等的水化热研究结果表明,锂化合物的添加会使得 CSA 水泥诱导期消失,直接进入加速期,XRD 测试发现锂化合物提高了水化产物的生成速度,但对水化产物无影响。侯文萍等研究发现,木钙有机外加剂延长了凝结时间,二水石膏与烧石膏相比掺加到 CSA 水泥中,烧石膏明显提高了水泥不同龄期的强度,抑制后期强度,同时具有良好的抗渗、抗干缩性。黄士元等通过 XRD 半定量分析得到 CSA 水泥水化产物,研究了快凝早强是因为 AFt 的生成,而后期强度倒缩是因为 AFt 的转化,缓凝剂的添加阻碍无水硫铝酸钙和铁铝矿物的水化,抑制 AFt 转化为 AFm。张德成等研究表明,适缓凝剂掺量可以改善混凝土的工作特性,提高混凝土强度,减水剂可以大幅度提高其流动性,粉煤灰和矿渣复配改善其微观结构。张鸣等研究不同种类的减水剂与 CSA 水泥的相容性问题,从浆体的流变学角度进行分析,发现聚羧酸系减水剂与硫铝酸盐有较好的相容性,浆体稳定性好,氨基磺酸和萘系减水剂与 CSA 水泥的相容性不是很好,但是可以通过添加缓凝剂进行调节。

3.2.2　试验材料及试验方法

3.2.2.1　试验材料

双液注浆材料由 A 和 B 两种组分构成,A 组分以硫铝酸盐水泥熟料为主料,并添加一定外加剂,B 组分以石膏和石灰按照一定的比例混合粉磨而成,并添加一定的外加剂。试验所需的主料和外加剂性能如下所示。

(1)硫铝酸盐水泥熟料

硫铝酸盐水泥熟料购买于郑州,其比表面积为 366 m²/kg,其化学成分见表 3-8,矿物组成见表 3-9。

表 3-8　　　　　　　　　　　硫铝酸盐水泥熟料的化学成分

化学成分	CaO	Al₂O₃	Fe₂O₃	SO₃	MgO	SiO₂	loss
含量/%	45.16	29.53	3.83	9.39	0.81	8.61	0.41

表 3-9　　　　　　　　　　　硫铝熟料的矿物组成

矿物组成	$C_4A_3\bar{S}$	$B\text{-}C_2S$	C_2F	$f\text{-}SO_3$
含量/%	58.36	24.66	6.45	1.91

(2)硬石膏

硬石膏购买于安徽,其化学成分见表 3-10。

表 3-10　　　　　　　　　　　硬石膏的化学成分

化学成分	SO₃	SiO₂	Al₂O₃	Fe₂O₃	CaO	MgO	loss
含量/%	46.12	4.17	2.40	0.91	37.58	2.03	3.29

(3)生石灰

生石灰购买于焦作,其 CaO 的含量为 80%,比表面积为 340 m²/kg。

（4）水

采用自来水,其各项技术指标要求达到中华人民共和国行业标准《混凝土用水标准》（JGJ 63—2006）中的要求。

（5）外加剂

主要有:高效减水剂、复合早强剂、复合缓凝剂等。

3.2.2.2 试验方法

（1）流动度测试

将制备好的水泥浆体装入一定容量的圆膜后,稳定提起圆膜,使浆体在重力作用下在玻璃板上自由扩展,稳定后的直径即流动度,流动度的大小反映了水泥浆体的流动性。采用圆模的上口直径为 36 mm、下口直径为 60 mm、高度为 60 mm,是内壁光滑无暗缝的金属制品。

（2）浆液流动性（黏度）试验

水泥浆的黏度测定使用专门的泥浆黏度计,包括漏斗、量杯、筛网和泥浆杯,见图 3-32。使用方法是:在测定黏度前,先将黏度计用水刷干净,将要测定的水泥浆搅拌均匀,然后由量杯将 500 mL 的水泥浆通过筛网注入黏度计的漏斗中,其流出口用手指堵住,不使浆液流出。测量时将 500 mL 的量杯置于流出口下,当放开堵住出口的手指时,同时开动秒表,待水泥浆流满 500 mL 的量杯达到它的边缘时,再按动秒表,记下水泥浆流出的时间,这就是水泥浆的黏度,其单位用秒表示。这种黏度常用水来校正,正常的黏度计流出 500 mL 的水的时间为 15±0.5 s,偏高或偏低都需要用水来校正,否则不能使用。在规定条件下,浆体流出一定体积（500 mL）所需的时间定义为注浆材料的黏度,即流时,单位为 s。

（3）浆体泌水性测试

浆体泌水性反映了浆体保水能力的大小,泌水会使浆体组分变得不均匀,从而最终影响浆体的强度性能,此外泌水性还会严重影响注浆材料抗冻性、抗渗性等耐久性能。浆材泌水性试验参考 GB/T 50080—2002。泌水率按下式计算:

$$B = \frac{V_w}{(W/G)G_w} \times 100 \tag{3-3}$$

$$G_w = G_1 - G_0 \tag{3-4}$$

式中　　B——泌水率,%;

V_w——泌水总量,mL;

G_w——试样质量,g;

W——浆材总用水量,mL;

G——浆材总质量,g;

G_1——试样筒及试样总质量;

G_0——试样筒质量。

计算应精确至 1%,泌水率取三个试样测值的平均值。三个测值中的最大值或最小值,如果有一个与中间值之差超过中间值 15%,则以中间值为试验结果;如果最大值和最小值与中间值之差均超过中间值的 15% 时,则此次试验无效。

（4）凝结时间测试

浆液凝结时间采用水泥净浆的测试方法,仪器为标准稠度测定仪、试针和圆模,如图 3-33 所示。由于硫铝酸盐水泥基注浆材料的凝结时间较快,所以应随时观察并及时进行测试。具体测试方法参照《水泥标准稠度用水量、凝结时间、安定性检验方法》(GB/T 1346—2001)。

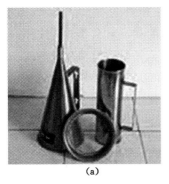　　　　　

　　　(a)　　　　　　　　　(b)

图 3-32　马氏漏斗　　　　　　　　图 3-33　水泥凝结时间测定仪

　(5)抗压强度测试

将浆液装入 70.7 mm×70.7 mm×70.7 mm 的立方体试模,待硬化后,从试模中取出,放入标准养护箱中养护至相应的龄期,采用压力机测试其抗压强度。每组试件的抗压强度,以三个抗压强度测定值的算术平均值作为试验结果。若三个测定值中有一个值与平均值之差大于平均值的 15% 时,则取中间值作为该组的测试结果。

3.2.3　注浆材料凝结时间研究

浆液凝结时间是指浆液由搅拌完成到失去自主流动的时间,对于破碎围岩注浆来讲,浆液的凝结时间是工程成功的关键,因为只有浆液在较短时间内失流,才能保证浆液能够封堵裂隙,防止漏浆现象的产生。但浆液的凝结时间也不是越短越好,浆液在施工过程中必须要有一定的施工性能,如果失流太快,会发生堵管现象。注浆材料凝结时间影响因素很多,主要有水灰比、主料构成、外加剂掺量等。

3.2.3.1　水灰比对凝结时间的影响

固定硫铝酸盐水泥熟料的质量比例为 50%,石膏的质量比例为 40%,石灰的质量比例为 10%,萘系减水剂掺量为 1%,采用不同的水灰比制备浆液,并测试其凝结时间。测试结果见表 3-11 和图 3-34。

从表 3-11 和图 3-34 可以看出,随着水灰比的增大,初凝和终凝时间逐渐延长,当水灰比为 0.4∶1 时,初凝时间为 2 min,终凝时间为 6.5 min;当水灰比增大至 1.0∶1 时,初凝时间为 6 min,终凝时间为 20 min。水灰比越小,双液注浆材料凝结时间越短,但是过小的水灰比会造成单液黏度过大、流动性差,存放时间短,泵压大,一般水灰比在 0.8∶1 以上时注浆材料才有一定的工作性能。

表 3-11　　　　　　　　　**水灰比对注浆材料凝结时间的影响**

水灰比	0.4	0.5	0.6	0.7	0.8	0.9	1.0
初凝时间/min	2	2.2	2.5	3	4	5	7
终凝时间/min	6.5	7	8	10	12	15	20

3.2.3.2　B 料对凝结时间的影响

为了研究石膏和石灰的比例对凝结时间的影响,固定水灰比为 0.8∶1,减水剂的掺量为 1‰,调整石膏和石灰的比例也即 B 料,研究石膏和石灰的比例对注浆材料凝结时间的影响。试验结果见表 3-12 和图 3-35。

从表 3-12 和图 3-35 可以看出,随着石膏比例的增大,浆体的初凝和终凝时间逐渐延长,这可能是由于随着石灰比例的减小,浆体的碱度逐渐下降,生成钙矾石的动力逐渐减小,凝结时间逐渐延长。通过以上研究得出,石灰占的比例越大,浆液的失流时间越短。

表 3-12   **B 料对凝结时间的影响**

石膏：石灰	4：1	5：1	6：1	7：1	8：1	9：1	10：1
初凝时间/min	9	10	12	13	15	22	29
终凝时间/min	13	14	15	17	21	31	35

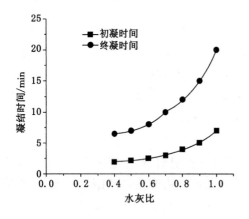

图 3-34　水灰比对注浆材料凝结时间的影响　　　图 3-35　B 料对凝结时间的影响

3.2.3.3 单掺速凝剂对凝结时间的影响

速凝剂能够促进注浆材料早期的水化速率,注浆材料水化越快,其凝结时间越快。通过测试不同种类和不同掺量的速凝剂,来确定速凝剂对注浆材料凝结时间的影响。固定主料和水灰比的掺量,在 B 料中添加不同种类和不同掺量的速凝剂,测试注浆材料的凝结时间。

(1)速凝剂一

表 3-13 和图 3-36 给出了速凝剂一在不同掺量时对凝结时间的影响,可以看出,随着速凝剂一掺量的增加,混合料的凝结时间逐渐缩短,但当掺量增加至 2.0%,再继续增大时,混合料的初终凝时间基本不再缩短。也就是说,对于速凝剂一而言,其最大掺量为 2.0%,此时初凝时间为 19 min,终凝时间为 23 min。

表 3-13   **速凝剂一对浆体凝结时间的影响**

速凝剂一掺量/%	凝结时间/min	
	初凝时间	终凝时间
0	153	160
0.5	66	73
1.0	43	51

速凝剂一掺量/%	凝结时间/min	
	初凝时间	终凝时间
1.5	27	35
2.0	19	23
2.5	18	23

（2）速凝剂二

表 3-14 和图 3-37 给出了速凝剂二在不同掺量时对凝结时间的影响。

从表 3-14 和图 3-37 可以看出,随着速凝剂二掺量的增加,混合料的凝结时间逐渐缩短,但当掺量增加至 0.3%,再继续增大时,混合料初终凝时间缩短的幅度明显减小。也就是说,对于速凝剂二而言,其最大掺量为 0.3%,此时初凝时间为 33 min,终凝时间为 40 min。通过速凝剂二在单掺时对混合料浆失流时间的影响可以得出,在单掺时,速凝剂二的最大掺量为 B 料质量的 0.3%。

表 3-14　　　　　　　　速凝剂二对浆体凝结时间的影响

速凝剂二掺量/%	凝结时间/min	
	初凝时间	终凝时间
0	155	163
0.1	77	86
0.2	56	61
0.3	33	40
0.4	31	39
0.5	30	38

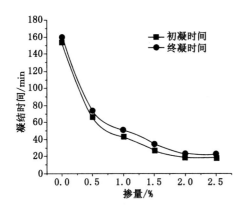

图 3-36　速凝剂一不同掺量时的凝结时间

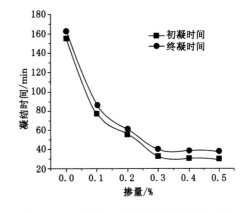

图 3-37　速凝剂二不同掺量时的凝结时间

（3）速凝剂三

表 3-15 和图 3-38 给出了速凝剂三在不同掺量时对凝结时间的影响。

从表 3-15 和图 3-38 可以看出,随着速凝剂三掺量的增加,混合料的凝结时间逐渐缩短,但当掺量增加至 3%,再继续增大时,混合料初终凝时间缩短的幅度明显减小。也就是说,对于速凝剂三而言,其最大掺量为 3%,此时初凝时间为 11 min,终凝时间为 15 min。通过速凝剂三在单掺时对混合料浆失流时间的影响可以得出,在单掺时,速凝剂三的最大掺量为 B 料质量的 3%。

表 3-15 **速凝剂三对浆体凝结时间的影响**

速凝剂三掺量/%	凝结时间/min	
	初凝时间	终凝时间
0	152	159
1	43	51
2	21	30
3	11	15
4	11	14
5	10	13

（4）速凝剂四

表 3-16 和图 3-39 给出了速凝剂四在不同掺量时对凝结时间的影响。

从表 3-16 和图 3-39 可以看出,随着速凝剂三掺量的增加,混合料的凝结时间逐渐缩短,当掺量增加至 8%,再继续增大时,混合料初终凝时间缩短的幅度明显减小。也就是说,对于速凝剂四而言,其最大掺量为 8%,此时初凝时间为 41 min,终凝时间为 50 min。通过速凝剂四在单掺时对混合料浆失流时间的影响可以得出,速凝剂四不适宜做该注浆料的速凝剂。

表 3-16 **速凝剂四对浆体凝结时间的影响**

速凝剂四掺量/%	凝结时间/min	
	初凝时间	终凝时间
0	153	162
2	76	81
4	65	70
6	53	65
8	41	50
10	39	46

（5）速凝剂五

表 3-17 和图 3-40 给出了速凝剂五在不同掺量时对凝结时间的影响。

从表 3-17 和图 3-40 可以看出,随着速凝剂五掺量的增加,混合料的凝结时间逐渐缩短,当掺量增加至 6.0%,再继续增大时,混合料初终凝时间缩短的幅度明显减小。也就是说,对于速凝剂五而言,其最大掺量为 6.0%,此时初凝时间为 38 min,终凝时间为 45 min。通过速凝剂五在单掺时对混合料浆失流时间的影响可以得出,在单掺时,速凝剂五的最大掺量为 B 料质量的 6.0%。

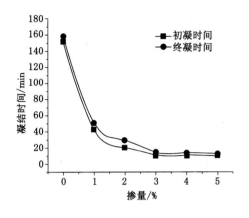

图 3-38　速凝剂三不同掺量时的凝结时间

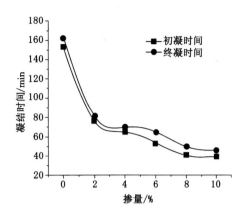

图 3-39　速凝剂四不同掺量时的凝结时间

表 3-17　　　　　　　　　　　　速凝剂五对浆体凝结时间的影响

速凝剂五掺量/%	凝结时间/min	
	初凝时间	终凝时间
0	151	160
1.5	73	82
3.0	51	60
4.5	43	52
6.0	38	45
7.5	35	41

（6）速凝剂六

表 3-18 和图 3-41 给出了速凝剂六在不同掺量时对凝结时间的影响。

从表 3-18 和图 3-41 可以看出,随着速凝剂六掺量的增加,混合料的凝结时间逐渐缩短,当掺量增加至 4.0%,再继续增大时,混合料初终凝时间缩短的幅度明显减小。也就是说,对于速凝剂六而言,其最大掺量为 4.0%,此时初凝时间为 48 min,终凝时间为 56 min。通过速凝剂六在单掺时对混合料浆失流时间的影响可以得出,在单掺时,速凝剂六的最大掺量为 B 料质量的 3%~4%。

表 3-18　　　　　　　　　　　　速凝剂六对浆体凝结时间的影响

速凝剂六掺量/%	凝结时间/min	
	初凝时间	终凝时间
0	156	167
1	76	85
2	69	77
3	61	70
4	48	56
5	43	51

单一速凝剂组分对注浆材料凝结时间的影响如表 3-19 所示,并根据其掺量和失流时间

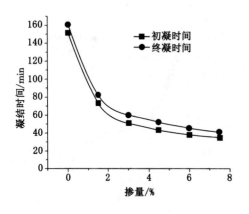

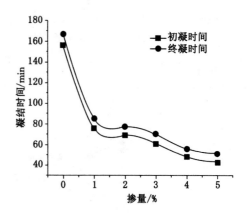

图 3-40　速凝剂五不同掺量下凝结时间　　　　图 3-41　速凝剂六不同掺量下凝结时间

做了综合排名。

表 3-19　　　　　　　　　　速凝剂在单掺时的掺量及失流时间的对比

速凝剂种类	最佳掺量/%	对应凝结时间/min	综合排名	备注
速凝剂一	2.0	19	2	
速凝剂二	0.3	33	3	
速凝剂三	3.0	11	1	
速凝剂四	8.0	41	5	
速凝剂五	6.0	38	4	
速凝剂六	3.0～4.0	48	6	

从表 3-19 中的对比可以得出,在单掺时,速凝效果从好到差的顺序依次是:速凝剂三＞速凝剂一＞速凝剂二＞速凝剂五＞速凝剂四＞速凝剂六。

3.2.3.4　复合速凝剂对凝结时间的影响

为了获得更好的凝结时间效果,在单掺的基础上,对速凝剂进行复掺试验。

（1）速凝剂一和速凝剂二

确定速凝剂一掺量为 2%,速凝剂二掺量分别取 0、0.1%、0.2%、0.3%、0.4%、0.5%,结果见表 3-20 和图 3-42。

表 3-20　　　　　　　　　　速凝剂二和速凝剂一复掺时对凝结时间的影响

速凝剂一掺量/%	速凝剂二掺量/%	凝结时间/min	
		初凝时间	初凝时间
2	0	21	29
	0.1	13	21
	0.2	9	16
	0.3	10	15
	0.4	11	16
	0.5	11	15

从表 3-20 和图 3-42 可以看出,在固定速凝剂一的掺量为 2% 的同时,按不同比例添加速凝剂二时,随着速凝剂二掺量的增加,初凝和终凝时间均出现缩短的趋势,当速凝剂二的掺量增加至 0.3%,初凝时间缩短至 10 min,再继续增加时,凝结时间基本不再缩短。从凝结时间来看,2% 的速凝剂一和 0.3% 的速凝剂二复合可以取得较好的效果。

（2）速凝剂一和速凝剂五

确定速凝剂一掺量为 2%,速凝剂二分别取 0、1.5%、3.0%、4.5%、6.0%、7.5%,结果见表 3-21 和图 3-43。

从表 3-21 和图 3-43 可以看出,在固定速凝剂一的掺量为 2% 的同时,按不同比例添加速凝剂五时,随着速凝剂五掺量的增加,初凝和终凝时间均出现缩短的趋势,当速凝剂五的掺量增加至 6.0%,初凝时间缩短至 11 min,再继续增加时,凝结时间基本不再缩短。从凝结时间来看,2% 的速凝剂一和 6.0% 的速凝剂五复合可以取得较好的效果。

表 3-21　　　　　　　　速凝剂一和速凝剂五复掺时对凝结时间的影响

速凝剂一掺量/%	速凝剂五掺量/%	凝结时间/min	
		初凝时间	初凝时间
2	0	26	33
	1.5	23	31
	3.0	16	21
	4.5	13	17
	6.0	11	15
	7.5	10	14

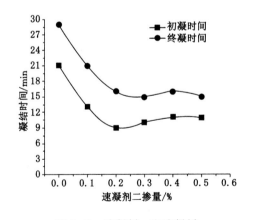

图 3-42　速凝剂一和速凝剂
二复掺凝结时间

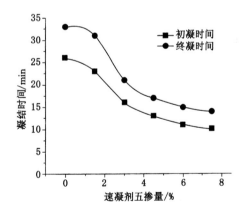

图 3-43　速凝剂一和速凝剂五复掺
对凝结时间的影响

（3）速凝剂一和速凝剂六

确定速凝剂一掺量为 2%,速凝剂二分别取 0、1%、2%、3%、4%、5%,结果见表 3-22 和图 3-44。

表 3-22　　　　　　速凝剂一和速凝剂六复掺时对凝结时间的影响

速凝剂一掺量/%	速凝剂六掺量/%	凝结时间/min	
		初凝时间	初凝时间
2	20	22	31
	31	15	20
	42	10	14
	53	7	11
	4	7	10
	5	6	9

　　从表 3-22 和图 3-44 可以看出,在固定速凝剂一的掺量为 2% 的同时,按不同比例添加速凝剂六时,随着速凝剂六掺量的增加,初凝和终凝时间均出现缩短的趋势,当速凝剂六的掺量增加至 3.0%,初凝时间缩短至 7 min,再继续增加时,凝结时间基本不再缩短。从凝结时间来看,2.0% 的速凝剂一和 3.0% 的速凝剂六复合可以取得较好的效果。

　　(4) 速凝剂二和速凝剂六

　　确定速凝剂二掺量为 0.2%,速凝剂六分别取 0、1%、2%、3%、4%、5%,结果见表 3-23 和图 3-45。

　　从表 3-23 和图 3-45 可以看出,在固定速凝剂二的掺量为 0.2% 的同时,按不同比例添加速凝剂六时,随着速凝剂六掺量的增加,初凝和终凝时间均出现缩短的趋势,当速凝剂六的掺量增加至 4.0%,初凝时间缩短至 12 min,再继续增加时,凝结时间基本不再缩短。从凝结时间来看,0.2% 的速凝剂二和 4.0% 的速凝剂六复合可以取得较好的效果。

表 3-23　　　　　　速凝剂二和速凝剂六复掺时对凝结时间的影响

速凝剂二掺量/%	速凝剂六掺量/%	凝结时间/min	
		初凝时间	初凝时间
0.2	0	23	30
	1	19	27
	2	15	21
	3	13	20
	4	12	18
	5	13	21

　　(5) 速凝剂二和速凝剂五

　　确定速凝剂二掺量为 0.2%,速凝剂五分别取 0、1.5%、3.0%、4.5%、6.0%、7.5%,结果见表 3-24 和图 3-46。

　　从表 3-24 和图 3-46 可以看出,在固定速凝剂二的掺量为 0.2% 的同时,按不同比例添加速凝剂五时,随着速凝剂五掺量的增加,初凝和终凝时间均出现缩短的趋势,当速凝剂六的掺量增加至 4.5%,初凝时间缩短至 11 min,再继续增加时,凝结时间基本不再缩短。从凝结时间来看,0.2% 的速凝剂二和 4.5% 的速凝剂五复合可以取得较好的效果。

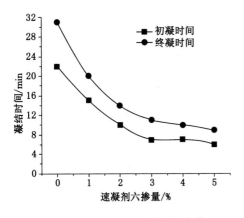

图 3-44 速凝剂一和速凝剂六复掺
对凝结时间的影响

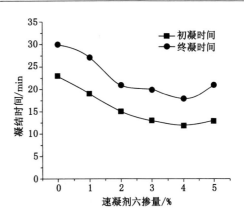

图 3-45 速凝剂二和速凝剂六复掺
对凝结时间的影响

表 3-24   **速凝剂二和速凝剂五复掺时对凝结时间的影响**

速凝剂二掺量/%	速凝剂五掺量/%	凝结时间/min	
		初凝时间	初凝时间
0.2	0	44	52
	1.5	29	37
	3.0	16	21
	4.5	11	17
	6.0	10	16
	7.5	10	15

（6）速凝剂六和速凝剂五

确定速凝剂六掺量为 3.0%，速凝剂五分别取 0、1.5%、3.0%、4.5%、6.0%、7.5%，结果见表 3-25 和图 3-47。

从表 3-25 和图 3-47 可以看出，在固定速凝剂六的掺量为 3.0% 的同时，按不同比例添加速凝剂五时，随着速凝剂五掺量的增加，初凝和终凝时间均出现缩短的趋势，当速凝剂五的掺量增加至 6.0%，初凝时间缩短至 9 min，再继续增加时，凝结时间基本不再缩短。从凝结时间来看，3.0% 的速凝剂六和 6.0% 的速凝剂五复合可以取得较好的效果。

表 3-25   **速凝剂五和速凝剂六复掺时对凝结时间的影响**

速凝剂六掺量/%	速凝剂五掺量/%	凝结时间/min	
		初凝时间	初凝时间
3.0	0	59	68
	1.5	39	47
	3.0	26	31
	4.5	11	19
	6.0	9	17
	7.5	10	17

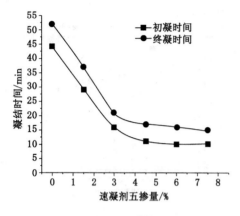

图 3-46　速凝剂二和速凝剂五复掺
对凝结时间的影响

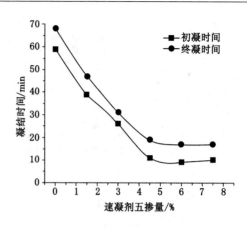

图 3-47　速凝剂六和速凝剂五复掺
对凝结时间的影响

　　为了对比速凝剂复掺对速凝剂凝结时间的影响,根据上述结果和分析,以凝结时间为主要指标,进行了汇总,具体见表 3-26。

表 3-26　　　　　　　　　　　　　　双掺速凝剂对失流时间的影响

编号	速凝剂组成				失流时间 /min	排名	备注
	成分一	掺量/%	成分二	掺量/%			
1	速凝剂一	2.0	速凝剂二	0.3	10	3	
2			速凝剂五	3.0～6.0	11	5	
3			速凝剂六	3.0	7	1	
4	速凝剂二	0.2	速凝剂六	3.0～4.0	12	6	
5			速凝剂五	4.5～6.0	10	3	
6	速凝剂六	3.0	速凝剂五	4.5～6.0	9	2	

　　从表 3-26 可以得出,对凝结时间影响的排序为:2%速凝剂一和 3.0%速凝剂六＞3.0%速凝剂六和 4.5%～6.0%速凝剂五＞2%速凝剂一和 0.3%速凝剂二＞0.2%速凝剂二和 4.5%～6.0%速凝剂五＞2%速凝剂一和 3.0%～6.0%速凝剂五＞0.2%速凝剂二和 3.0%～4.0%速凝剂六。综上可得,双掺时,较好的速凝剂组合为:2%速凝剂一和 3.0%速凝剂六、3.0%速凝剂六和 4.5%～6.0%速凝剂五。

3.2.4　注浆材料抗压强度研究

　　抗压强度作为注浆材料性能的重要指标,注浆材料抗压强度的高低直接决定着注浆工程的效果。为了进一步探究双液注浆材料的抗压强度性能,研究水灰比、主料配比、缓凝剂、减水剂、增稠剂、速凝剂等对注浆材料抗压强度的影响。

3.2.4.1　水灰比对抗压强度的影响

　　确定硫铝酸盐水泥熟料的质量比例为 50%,石膏的质量比例为 37.5%,石灰的质量比例为 12.5%,通过调整不同水灰比来测定浆液硬化后 1 d 和 3 d 的抗压强度。测试结果见表 3-27 和图 3-48。

表 3-27			不同水灰比对抗压强度的影响				
水灰比	0.4	0.5	0.6	0.7	0.8	0.9	1.0
1 d 抗压强度/MPa	20.9	18.3	15.5	13.8	9.3	7.9	5.3
3 d 抗压强度/MPa	52.3	45.9	39.3	31.7	25.1	19.1	12.5

从表 3-27 和图 3-48 可以看出,随着水灰比的增大,1 d 和 3 d 的抗压强度呈逐渐减小的趋势。显然,抗压强度越大越好,因此,从抗压强度而言,水灰比越小越好。但较小的水灰比凝结时间较短,给现场施工带来较大的影响。因此,注浆材料在选用水灰比时必须考虑现场的施工性能。

3.2.4.2　注浆材料主料比例对抗压强度的影响

确定石膏和石灰的质量比例为 4∶1,调整 A 料和 B 料的混合比例,研究其对抗压强度的影响,结果见表 3-28 和图 3-49。

表 3-28			A 料与 B 料不同比例对抗压强度的影响				
熟料∶(石膏+石灰)	4∶1	3∶1	2∶1	1∶1	1∶2	1∶3	1∶4
1 d 抗压强度/MPa	19.9	20.5	20.1	19.5	15.4	12.8	10.3
3 d 抗压强度/MPa	50.3	53.9	52.1	45.9	36.1	33.1	32.5

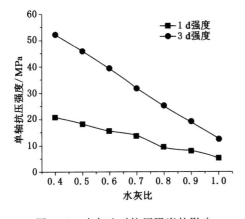

图 3-48　水灰比对抗压强度的影响

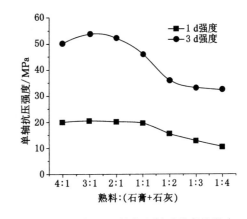

图 3-49　A 料和 B 料的比例对强度的影响

从表 3-28 和图 3-49 可以看出,随着石膏和石灰比例的增大,抗压强度先是增大,后又减小,在硫铝熟料与石膏和石灰的比例为 1∶1 时,下降的幅度相对较小,1 d 为 2%,3 d 为 8.7%,但随着石膏和石灰比例的继续增大,抗压强度下降的幅度大幅增加,从而,硫铝熟料与石膏和石灰的比例不可小于 1∶1,同时考虑到采用双液注浆,因此,将硫铝熟料与石膏和石灰的比例确定为 1∶1。

3.2.4.3　B 料配比对抗压强度的影响

为了研究石膏和石灰的比例对抗压强度的影响,固定水灰比为 0.6∶1,硫铝熟料与石膏和石灰的比例为 1∶1,调整石膏和石灰的质量比例,研究二者不同比例对抗压强度的影响,结果见表 3-29 和图 3-50。

从表 3-29 和图 3-50 可以看出,随着石膏比例的增加,硬化体 1 d 的抗压强度先是增大,后又减小,其中在石膏和石灰的比例为 7∶1 时,1 d 的抗压强度最大。3 d 的抗压强度也有相同的规律,这说明当石膏和石灰的比例为 7∶1 时,硬化体形成的结构最紧密,因此,将石膏和石灰的比例定为 7∶1。

表 3-29 石膏和石灰不同比例对抗压强度的影响

石膏∶石灰	4∶1	5∶1	6∶1	7∶1	8∶1	9∶1	10∶1
1 d 抗压强度/MPa	22.6	23.5	24.1	24.2	22.5	21.8	20.3
3 d 抗压强度/MPa	41.9	42.1	42.6	43.1	41.3	40.2	38.7

通过以上研究,将浆体的水灰比确定为 0.8～1.0∶1,硫铝熟料与石膏和石灰的质量比例确定为 1∶1,石膏和石灰的质量比例确定为 7∶1。

3.2.4.4　单掺速凝剂对抗压强度的影响

注浆材料的抗压强度和浆液的凝结时间关系密切,凝结时间越短,浆液的早期水化速率就越高,则注浆材料的早期强度就越高。但凝结时间过短,则会影响注浆材料的后期强度,因此,速凝剂的作用效果会对注浆材料的抗压强度产生较大影响。

确定硫铝酸盐水泥熟料的质量比例为 50%,石膏的质量比例为 37.5%,石灰的质量比例为 12.5%,在此基础上,在 B 料中添加不同种类和不同掺量的速凝剂,分别测试注浆材料的抗压强度。不同速凝剂对注浆材料抗压强度的影响结果如下所示。

(1) 速凝剂一

表 3-30 和图 3-51 给出了速凝剂一在不同掺量时对抗压强度的影响。随着速凝剂一掺量的增加,混合料硬化后 2 h 的抗压强度逐渐增大,当掺量增加至 2.0%,抗压强度的增幅为 45.5%,即早期强度有较大的增幅,8 h 的抗压强度也有类似的规律。通过速凝剂一在单掺时对混合料浆硬化后抗压强度的影响可以得出,在单掺时,速凝剂一的最佳掺量为 B 料质量的 2%。

表 3-30 速凝剂一对抗压强度的影响

速凝剂一掺量/%	抗压强度/MPa	
	2 h	1 d
0	6.53	9.91
0.5	7.31	10.16
1.0	7.76	10.39
1.5	8.33	10.91
2.0	8.59	11.22
2.5	8.63	11.35

(2) 速凝剂二

表 3-31 和图 3-52 给出了速凝剂二在不同掺量时对抗压强度的影响。

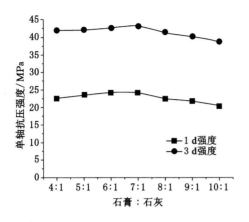

图 3-50　石膏和石灰不同比例对抗压强度的影响

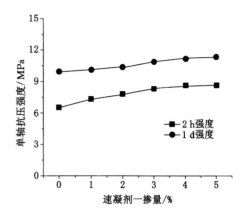

图 3-51　速凝剂一对抗压强度的影响

表 3-31　　　　　　　　　　　**速凝剂二对抗压强度的影响**

速凝剂二掺量/%	抗压强度/MPa	
	2 h	1 d
0	6.61	9.85
0.1	7.19	10.01
0.2	7.85	10.52
0.3	8.45	11.16
0.4	8.13	10.82
0.5	7.63	10.51

　　从表 3-31 和图 3-52 可以看出,随着速凝剂二掺量的增加,混合料硬化后 2 h 的抗压强度逐渐增大,当掺量增加至 0.3%,抗压强度的增幅为 39.9%,即早期强度有较大的增幅,但随着掺量的继续增加,抗压强度又呈减小的趋势。1 d 的抗压强度也有类似的规律。通过速凝剂二在单掺时和图 3-53 对混合料浆抗压强度的影响可以得出,在单掺时,速凝剂二的最佳掺量为 B 料质量的 0.3%。

　　(3) 速凝剂三

　　表 3-32 和图 3-53 给出了速凝剂三在不同掺量时对抗压强度的影响。从表 3-32 和图3-53 可以看出,随着速凝剂三掺量的增加,混合料硬化后 2 h 的抗压强度逐渐增大,当掺量增加至 3%,抗压强度的增幅为 7.0%,即早期抗压强度的增幅较小,且随着掺量的继续增加,抗压强度又呈减小的趋势。1 d 的抗压强度也有类似的规律。通过速凝剂三在单掺时对混合料硬化后抗压强度的影响可以得出,在单掺时,速凝剂三的最佳掺量为 B 料质量的 3%。

表 3-32　　　　　　　　　　　**速凝剂三对抗压强度的影响**

速凝剂三掺量/%	抗压强度/MPa	
	2 h	1 d
0	6.60	9.81
1	6.71	9.95
2	6.85	9.01

续表 3-32

速凝剂三掺量/%	抗压强度/MPa	
	2 h	1 d
3	6.92	10.05
4	6.89	10.02
5	6.88	9.97

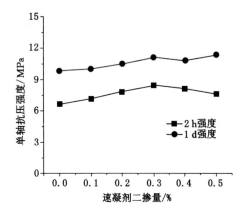

图 3-52　速凝剂二对抗压强度的影响　　　　图 3-53　速凝剂三对抗压强度的影响

（4）速凝剂四

表 3-33 和图 3-54 给出了速凝剂四在不同掺量时对抗压强度的影响。从表 3-33 和图 3-54 可以看出，随着速凝剂四掺量的增加，混合料硬化后 2 h 的抗压强度呈逐渐减小的趋势，1 d 的抗压强度也有相同的规律。这说明速凝剂四对混合料早期的抗压强度产生负面的影响。通过速凝剂四在单掺时对混合料浆硬化后抗压强度的影响可以得出，速凝剂四不适宜做该注浆料的速凝剂。

表 3-33　　　　　　　　　　速凝剂四对抗压强度的影响

速凝剂四掺量/%	抗压强度/MPa	
	2 h	1 d
0	6.62	9.83
2	6.37	9.35
4	6.10	9.03
6	5.72	8.71
8	5.31	8.12
10	5.06	7.93

（5）速凝剂五

表 3-34 和图 3-55 给出了速凝剂五在不同掺量时对抗压强度的影响。

表 3-34　　　　　　　　　　速凝剂五对抗压强度的影响

速凝剂五掺量/%	抗压强度/MPa	
	2 h	1 d
0	6.59	9.77
1.5	6.83	10.15
3.0	7.26	10.89
4.5	7.71	11.23
6.0	7.85	11.81
7.5	7.92	12.03

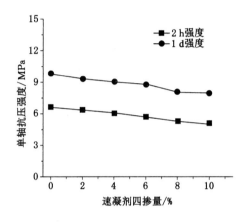

图 3-54　速凝剂四对抗压强度的影响

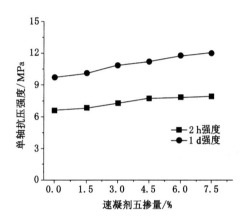

图 3-55　速凝剂五对抗压强度的影响

从表 3-34 和图 3-55 可以看出,随着速凝剂五掺量的增加,混合料硬化后 8 h 的抗压强度逐渐增大,当掺量增加至 6%,抗压强度的增幅为 27.5%,随着掺量的继续增加,抗压强度增大的幅度减小。1 d 的抗压强度也有相同的规律。通过速凝剂五在单掺时对混合料浆硬化后抗压强度的影响可以得出,在单掺时,速凝剂五的最大掺量为 B 料质量的 6.0%。

（6）速凝剂六

表 3-35 和图 3-56 给出了速凝剂六在不同掺量时对抗压强度的影响。

表 3-35　　　　　　　　　　速凝剂六对抗压强度的影响

速凝剂六掺量/%	抗压强度/MPa	
	2 h	1 d
0	6.62	9.80
1	6.93	10.37
2	7.41	10.83
3	7.72	11.35
4	7.37	10.91
5	7.06	10.59

随着速凝剂六掺量的增加,混合料硬化后 2 h 的抗压强度逐渐增大,当掺量增加至 3%,抗压强度的增幅为 23.8%,即早期强度有较大的增幅,但随着掺量的继续增加,抗压强度又呈减小的趋势。1 d 的抗压强度也有相同的规律。通过速凝剂六在单掺时对混合料浆硬化后抗压强度的影响可以得出,在单掺时,速凝剂六的最大掺量为 B 料质量的 3%~4%。

为了更好地对比各种速凝剂在单掺时对注浆料的影响效果,结合速凝剂对注浆材料凝结时间和抗压强度的影响结果,进行了汇总,汇总结果见表 3-36。

表 3-36 速凝剂对注浆材料性能的影响

编号	速凝剂	掺量/%	凝结时间		抗压强度		综合排名
			初凝时间/min	排名	提高幅度/%	排名	
1	速凝剂一	2.0~2.5	18	2	45.5	1	1
2	速凝剂二	0.2~0.5	30	3	39.9	2	2
3	速凝剂三	3.0~5.0	11	1	7.0	5	3
4	速凝剂四	8~10	39	5	—	6	6
5	速凝剂五	6~7	35	4	27.5	3	4
6	速凝剂六	3~5	43	6	23.8	4	5

通过以上在单掺时不同速凝剂对混合料凝结时间的影响可以得出,各种速凝剂的效果从好到差的顺序是:速凝剂三>速凝剂一>速凝剂二>速凝剂五>速凝剂四>速凝剂六;对早期抗压强度提高的幅度从大到小的顺序是:速凝剂一>速凝剂二>速凝剂五>速凝剂六>速凝剂三>速凝剂四。将对凝结时间影响的排名和对抗压强度影响的排名进行加和,然后将它们的和重新进行了排名,其中和越小,排名则越靠前,其排名顺序为:速凝剂一>速凝剂二>速凝剂三>速凝剂五>速凝剂六>速凝剂四。

由于在石膏和石灰的混合料中(即 B 料)加入速凝剂三,会使 B 料浆液在半小时失去流动性,从而影响 B 料浆液的存放时间,使其不能满足施工要求,因此,建议不采用速凝剂三。由于掺入速凝剂四后,不仅不会提高混合料硬化体的早期抗压强度,而且使其早期抗压强度降低,同时,速凝剂四对凝结时间的加速效果也不是很好,因此,建议也不采用速凝剂四。综合各种速凝剂对凝结时间和抗压强度的影响,选出较好的速凝剂为:速凝剂一、速凝剂二、速凝剂五、速凝剂六。

3.2.4.5 速凝剂复掺时对抗压强度的影响

为了使混合料浆的早期抗压强度提高的幅度更大,在单掺的基础上,进行了四种速凝剂的双掺复合试验。

(1)速凝剂一与速凝剂二

确定速凝剂一最佳掺量 2%,速凝剂二分别取 0、0.1%、0.2%、0.3%、0.4%、0.5%,研究其对抗压强度的影响,测试结果如表 3-37 和图 3-57 所示。

表 3-37   速凝剂二和速凝剂一复掺对抗压强度的影响

速凝剂一掺量/%	速凝剂二掺量/%	抗压强度/MPa	
		2 h	1 d
2	0	8.72	11.95
	0.1	10.51	13.17
	0.2	11.03	14.12
	0.3	11.79	13.62
	0.4	11.64	13.53
	0.5	11.55	13.41

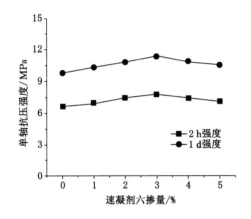

图 3-56 速凝剂六对抗压强度的影响

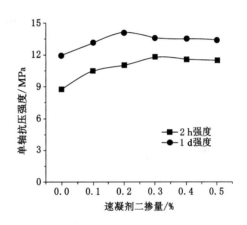

图 3-57 速凝剂一与速凝剂二复掺
对抗压强度的影响

在固定速凝剂一的掺量为 2％时,随着速凝剂二掺量的增加,注浆料硬化体的抗压强度先是增大,后又减小,其中在速凝剂二的掺量为 0.2％时,抗压强度最大,比单掺速凝剂一提高了 34.4％。因此,从抗压强度而言,2％的速凝剂一和 0.2％的速凝剂二的复合效果最好。

（2）速凝剂一与速凝剂五

取速凝剂一的最佳掺量 2％,速凝剂五分别取 0、1.5％、3.0％、4.5％、6.0％、7.5％,研究其对抗压强度的影响。测试结果如表 3-38 和图 3-58 所示。在固定速凝剂一的掺量为 2％时,随着速凝剂五掺量的增加,注浆料硬化体的抗压强度先是增大,后又减小,其中在速凝剂五的掺量为 3.0％时,抗压强度最大,比单掺速凝剂一提高了 33.5％。因此,从抗压强度而言,2.0％的速凝剂一和 3.0％的速凝剂五的复合效果最好。

（3）速凝剂一与速凝剂六

取速凝剂一的最佳掺量 2％,速凝剂六分别取 0、1％、2％、3％、4％、5％,研究其对抗压强度的影响。测试结果如表 3-39 和图 3-59 所示。在固定速凝剂一的掺量为 2％时,随着速凝剂六掺量的增加,注浆料硬化体的抗压强度先是增大,后又减小,其中在速凝剂六的掺量为 3.0％时,抗压强度最大,比单掺速凝剂一提高了 29.7％。因此,从抗压强度而言,2.0％的速凝剂一和 3.0％的速凝剂六的复合效果最好。

表 3-38　　　　　　　　　　　速凝剂一和速凝剂五复掺对抗压强度的影响

速凝剂一掺量/%	速凝剂五掺量/%	抗压强度/MPa	
		2 h	1 d
2	0	8.63	12.92
	1.5	10.31	13.26
	3.0	10.85	13.93
	4.5	10.62	13.73
	6.0	10.21	13.57
	7.5	10.04	13.11

表 3-39　　　　　　　　　　　速凝剂一和速凝剂六复掺对抗压强度的影响

速凝剂一掺量/%	速凝剂六掺量/%	抗压强度/MPa	
		2 h	1 d
2	0	8.61	11.76
	1	9.92	12.95
	2	10.15	13.23
	3	10.57	13.72
	4	10.34	13.45
	5	10.22	13.17

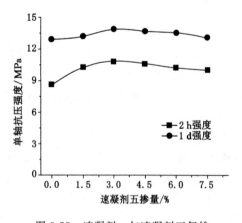

图 3-58　速凝剂一与速凝剂五复掺
对抗压强度的影响

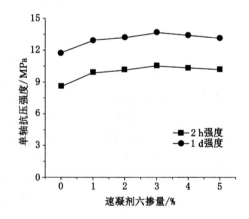

图 3-59　速凝剂一与速凝剂六复掺
对抗压强度的影响

（4）速凝剂二与速凝剂六

取速凝剂二的最佳掺量 0.2%，速凝剂六分别取 0、1%、2%、3%、4%、5%，研究其对抗压强度的影响，测试结果如表 3-40 和图 3-60 所示。

表 3-40 速凝剂二和速凝剂六复掺对抗压强度的影响

速凝剂二掺量/%	速凝剂六掺量/%	抗压强度/MPa	
		2 h	1 d
0.2	0	9.51	12.67
	1	10.15	13.03
	2	10.63	13.92
	3	10.97	14.25
	4	10.83	14.01
	5	10.72	13.83

在固定速凝剂二的掺量为 0.2% 时,随着速凝剂六掺量的增加,注浆料硬化体的抗压强度先是增大,后又减小,其中在速凝剂六的掺量为 3.0% 时,抗压强度最大,比单掺速凝剂二提高了 19.4%。因此,从抗压强度而言,0.2% 的速凝剂二和 3.0% 的速凝剂六的复合效果最好。

(5) 速凝剂二与速凝剂五

取速凝剂二的最佳掺量 0.2%,速凝剂六分别取 0、1.5%、3.0%、4.5%、6.0%、7.5%,研究其对抗压强度的影响,测试结果如表 3-41 和图 3-61 所示。在固定速凝剂二的掺量为 0.2% 时,随着速凝剂五掺量的增加,注浆料硬化体的抗压强度先是增大,后又减小,其中在速凝剂五的掺量为 4.5% 时,抗压强度最大,比单掺速凝剂二提高了 19.7%。因此,从抗压强度而言,0.2% 的速凝剂二和 4.5% 的速凝剂五的复合效果最好。

表 3-41 速凝剂二和速凝剂五复掺对抗压强度的影响

速凝剂二掺量/%	速凝剂五掺量/%	抗压强度/MPa	
		2 h	1 d
0.2	0	9.48	12.31
	1.5	9.92	12.96
	3.0	10.50	13.53
	4.5	10.95	14.06
	6.0	10.75	13.72
	7.5	10.52	13.61

(6) 速凝剂六与速凝剂五

取速凝剂六的最佳掺量 3.0%,速凝剂五分别取 0、1.5%、3.0%、4.5%、6.0%、7.5%,研究其对抗压强度的影响,测试结果如表 3-42 和图 3-62 所示。在固定速凝剂六的掺量为 3.0% 时,随着速凝剂五掺量的增加,注浆料硬化体的抗压强度先增大后减小,其中在速凝剂五的掺量为 4.5% 时,抗压强度最大,比单掺速凝剂六增大了 10.1%。因此,从抗压强度而言,3.0% 的速凝剂六和 4.5% 的速凝剂五的复合效果最好。

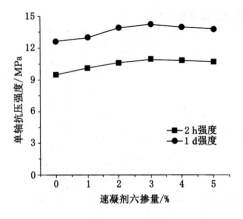

图 3-60　速凝剂二与速凝剂六复掺
对抗压强度的影响

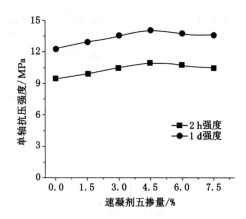

图 3-61　速凝剂二与速凝剂五复掺
对抗压强度的影响

表 3-42　　　　　　　　速凝剂五和速凝剂六复掺对抗压强度的影响

速凝剂六掺量/%	速凝剂五掺量/%	抗压强度/MPa	
		2 h	1 d
3.0	0	10.67	13.76
	1.5	10.91	13.99
	3.0	11.32	14.35
	4.5	11.55	14.69
	6.0	11.43	14.21
	7.5	11.15	13.96

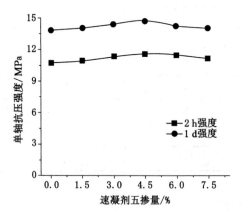

图 3-62　速凝剂六与速凝剂五复掺对抗压强度的影响

　　通过对比复掺速凝剂对注浆料性能的影响效果,根据上面的结果和分析,以 2 h 抗压强度的提高幅度为主要指标,同时结合速凝剂复掺时对凝结时间的影响,进行了汇总,汇总结果具体见表 3-43。

表 3-43　速凝剂复掺对注浆材料性能的影响

编号	双掺速凝剂组成				凝结时间		抗压强度		综合排名
	成分一	掺量/%	成分二	掺量/%	初凝时间/min	排名	提高幅度/%	排名	
1	速凝剂一	2	速凝剂二	0.3	10	3	34.4	1	1
2			速凝剂五	3.0~6.0	11	5	33.5	2	3
3			速凝剂六	3.0	7	1	29.7	3	1
4	速凝剂二	0.2	速凝剂六	3.0~4.0	12	6	19.4	5	6
5			速凝剂五	4.5~6.0	10	4	19.7	4	3
6	速凝剂六	3.0	速凝剂五	4.5~6.0	9	2	10.1	6	5

对凝结时间影响效果的排序为:2%速凝剂一和3.0%速凝剂六>3.0%速凝剂六和4.5%~6.0%速凝剂五>2%速凝剂一和0.3%速凝剂二>0.2%速凝剂二和4.5%~6.0%速凝剂五>2%速凝剂一和3.0%~6.0%速凝剂五>0.2%速凝剂二和3.0%~4.0%速凝剂六;对抗压强度提高幅度的排序为:2%速凝剂一和0.3%速凝剂二>2%速凝剂一和3.0%~6.0%速凝剂五>2%速凝剂一和3.0%速凝剂六>0.2%速凝剂二和4.5%~6.0%速凝剂五>0.2%速凝剂二和3.0%~4.0%速凝剂六>3.0%速凝剂六和4.5%~6.0%速凝剂五。将各个组合对初凝时间影响效果的排名和抗压强度提高幅度的排名加起来,根据和的大小,再对它们进行组合排名,它们的和越小,则排名越靠前,结果见表3-43。从表3-43可以看出其综合排名的顺序为:2%速凝剂一和0.3%速凝剂二>2%速凝剂一和3.0%速凝剂六>2%速凝剂一和3.0%~6.0%速凝剂五>0.2%速凝剂二和4.5%~6.0%速凝剂五>3.0%速凝剂六和4.5%~6.0%速凝剂五>0.2%速凝剂二和3.0%~4.0%速凝剂六。

综上可得,双掺时,较好的速凝剂组合为:2%速凝剂一和0.3%速凝剂二、2%速凝剂一和3.0%速凝剂六。

3.2.5　无机双液注浆材料的其他性能

无机双液注浆材料的施工性能是其重要的性能之一,为了掌握各材料组成对其施工性能的影响,进行了水灰比、主料组成、缓凝剂、减水剂、增稠剂、速凝剂等对注浆材料施工性能等的影响研究。

3.2.5.1　注浆材料流动性影响因素分析

(1)水灰比对浆体流动性的影响

固定硫铝酸盐水泥熟料的质量比例为50%,石膏的质量比例为37.5%,石灰的质量比例为12.5%,萘系减水剂掺量为1%,变化用水量,测试不同用水量时浆体的流动度和流出时间,测试结果见表3-44和图3-63、图3-64。

表 3-44　水灰比对注浆材料流动性的影响

水灰比	0.4	0.5	0.6	0.7	0.8	0.9	1.0
流动度/mm	135	180	235	250	260	280	295
流出时间/s	307	285	261	239	206	182	138

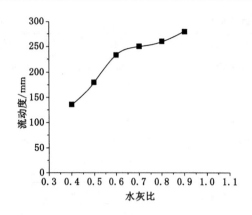

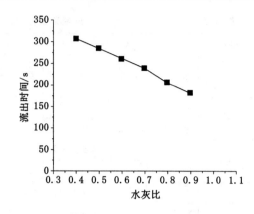

图 3-63　水灰比对注浆材料流动度的影响　　　图 3-64　水灰比对注浆材料流出时间的影响

从表 3-44 和图 3-63 可以看出,随着水灰比的增大,浆体的流动度逐渐增大,即随着水灰比的增大,浆体的流动性越来越好。

从表 3-44 和图 3-64 可以看出,随着水灰比的增大,浆体的流出时间逐渐缩短,即随着水灰比的增大,浆体的流动性越来越好。也即水灰比越大,注浆材料的黏度越小。

对于浅层破碎区,浆体的流动性不需太大,但也不能太小,因此根据浆体的流动度和流出时间,可将水灰比确定为 0.5～0.7;然而,对于深层破碎区,则浆体的流动性较大,这样浆液能更好地渗透到裂隙中。因此,对于深层注浆而言,可将水灰比确定为 0.7～1.0。

(2) 主料比例对流动性的影响

为了探究主料比例对流动性的影响规律,固定水灰比为 0.6,减水剂的掺量为 1%,石膏和石灰的质量比例为 7∶1,变换硫铝熟料与石膏和石灰的比例,研究它们对流动性的影响。不同主料比例条件下,浆体的流动性测试结果见表 3-45 和图 3-65、图 3-66。

表 3-45　　　　　　　　　不同比例的主料对注浆材料流动性的影响

熟料∶(石膏+石灰)	4∶1	3∶1	2∶1	1∶1	1∶2	1∶3	1∶4
流动度/mm	290	275	255	230	215	195	170
流出时间/s	168	202	235	259	276	302	338

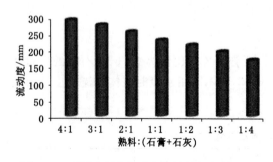

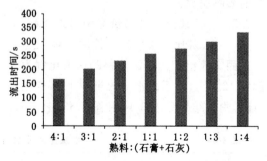

图 3-65　不同比例主料对注浆材料流动度的影响　　图 3-66　不同比例主料对注浆材料流出时间的影响

从表 3-45 和图 3-65 可以看出,随着石膏和石灰比例的增加,浆体的流动度逐渐减小,这是由于石膏和石灰的需水量比硫铝熟料的大,因此,随着石膏和石灰比例的增加,浆体的流动性逐渐变差。

从表3-45和图3-66可以看出,流出时间则随着石膏和石灰比例的增加逐渐增大,同样也说明随着石膏和石灰比例的增加,浆体的流动性逐渐变化。因此,从流动性而言,石膏和石灰的比例越小越好。

（3）B料配比对流动性的影响

为了测试不同比例B料对注浆材料流动性的影响,固定水灰比为0.6,减水剂的掺量为1％,A料与B料比例为1∶1,变换石膏和石灰的质量比例,研究它们二者的变化对流动性的影响,试验结果见表3-46、图3-67和图3-68。

表 3-46　　　　　　　　　　　　　　B 料配比对流动性的影响

石膏∶石灰	4∶1	5∶1	6∶1	7∶1	8∶1	9∶1	10∶1
流动度/mm	220	225	225	230	235	235	240
流出时间/s	288	282	275	269	266	260	257

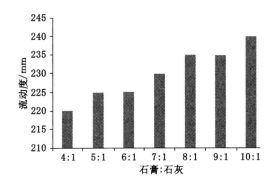 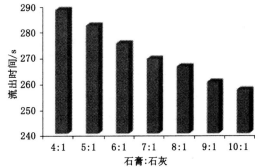

图 3-67　B料配比对注浆材料流动度的影响　　　图 3-68　B料配比对注浆材料流出时间的影响

从表3-46和图3-67可以看出,随着石膏比例的增大,熟石灰比例的减小,浆体的流动度呈小幅增大的趋势,这说明石膏的需水量小于熟石灰的需水量。

从表3-46和图3-68可以看出,随着石膏比例的增大,浆体的流出时间逐渐减小,也说明石膏的比例越大,浆体的流动性越好。因此,从浆体的流动性而言,石膏的比例越大越好。

通过以上研究,将硫铝熟料与石膏和石灰的质量比例确定为1∶1,石膏和石灰的质量比例确定为7∶1。

3.2.5.2　外加剂对注浆材料性能的影响

在做好基础配比的基础上,将硫铝水泥熟料作为A料,将石膏和石灰作为B料,且固定它们的水灰比均为0.6,为保证注浆材料的施工性能,通过在注浆材料两种组分中添加外加剂的方法探究外加剂对注浆材料性能的影响。

（1）减水剂对注浆材料性能的影响

① 将萘系减水剂按硫铝水泥熟料质量的0％、0.5％、0.8％、1.0％、1.5％掺入硫铝水泥熟料中,测试减水剂对其凝结时间和流动性的影响,测试结果如表3-47和图3-69所示。

表 3-47   萘系减水剂对 A 料凝结时间的影响

萘系减水剂掺量/%	凝结时间/min	
	初凝时间	终凝时间
0	20	25
0.5	27	33
0.8	36	43
1.0	37	45
1.5	39	48

从表 3-47 和图 3-69 可以看出,随着减水剂掺量的增加,浆体的凝结时间逐渐延长,这说明萘系减水剂对硫铝水泥熟料有一定的缓凝效果。

② 将萘系减水剂按石膏和石灰质量和的 0%、0.5%、1.0%、1.5%、2.0% 掺入石膏和石灰混合物中,测试减水剂对其凝结时间和流动性的影响,测试结果如表 3-48 和图 3-70 所示。从表 3-48 和图 3-70 可以看出,随着减水剂掺量的增加,浆体的凝结时间逐渐延长,这说明减水剂对石膏和石灰混合物也有一定的缓凝效果,但其缓凝效果不如对硫铝水泥熟料的明显。

表 3-48   萘系减水剂对 B 料凝结时间的影响

萘系减水剂掺量/%	凝结时间/min	
	初凝时间	终凝时间
0	21	23
0.5	22	25
1.0	25	27
1.5	26	29
2.0	29	31

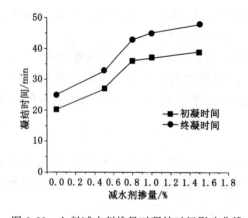

图 3-69　A 料减水剂掺量对凝结时间影响曲线

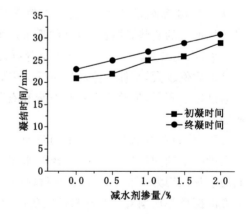

图 3-70　B 料减水剂掺量对凝结时间影响曲线

③ 将萘系减水剂按硫铝水泥熟料质量的 0%、0.5%、0.8%、1.0%、1.5% 掺入硫铝水泥熟料中,测试减水剂对其流动性的影响,测试结果如表 3-49、图 3-71 和图 3-72 所示。

表 3-49　　　　　　　　　　　萘系减水剂对 A 料流动性的影响

萘系减水剂掺量/%	流动度/mm	流出时间/s
0	185	295
0.5	210	286
0.8	220	279
1.0	235	261
1.5	240	256

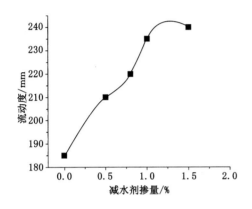

图 3-71　减水剂对 A 料流动度的影响　　　图 3-72　减水剂对 A 料流出时间的影响

从表 3-49 和图 3-71 可以看出,随着减水剂掺量从 0% 增大至 1.0%,A 料浆液的流动度从 185 mm 增大至 235 mm,增大了 27%,即有较大增幅;当从 1.0% 增大至 1.5% 时,流动度从 235 mm 增大至 240 mm,即增幅较小。

从表 3-49 和图 3-72 可以看出,随着减水剂掺量的增加,浆体的流出时间逐渐缩短,且也有和流动度相似的规律。因此,将减水剂掺量确定为硫铝水泥熟料质量的 1.0%。

④ 将萘系减水剂按石膏和石灰质量和的 0%、0.5%、1.0%、1.5%、2.0% 掺入石膏和石灰混合物中,测试减水剂对其流动性的影响,测试结果如表 3-50、图 3-73 和图 3-74 所示。

表 3-50　　　　　　　　　　　萘系减水剂对 B 料流动性的影响

萘系减水剂掺量/%	流动度/mm	流出时间/s
0	150	317
0.5	180	302
1.0	205	281
1.5	220	269
2.0	225	264

从表 3-50 和图 3-73 可以看出,随着减水剂掺量从 0% 增大至 1.5%,B 料浆液的流动度从 150 mm 增大至 220 mm,增大了 46.7%,即有较大增幅;当从 1.5% 增大至 2.0% 时,流动度从 220 mm 增大至 225 mm,即增幅较小。

从表 3-50 和图 3-74 可以看出,随着减水剂掺量的增加,浆体的流出时间逐渐缩短,且也有和流动度相似的规律。因此,将减水剂掺量确定为石膏和石灰质量和的1.5%。

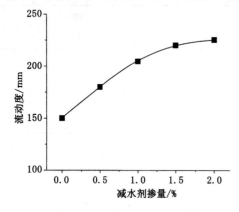

图 3-73　减水剂对 B 料流动度的影响

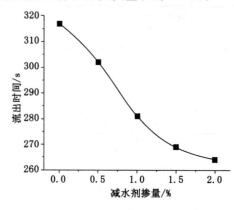

图 3-74　减水剂对 B 料流出时间的影响

(2)增稠剂对注浆材料性能的影响

① 将增稠剂按照掺量 0%、0.3%、0.6%、0.9%、1.2%掺入硫铝水泥熟料中,测试其对凝结时间的影响,测试结果如表 3-5 和图 3-75 所示。

从表 3-51 和图 3-75 可以看出,随着增稠剂掺量的增加,硫铝酸盐水泥熟料的凝结时间逐渐延长,这说明增稠剂延长了硫铝水泥熟料的凝结时间,从而对其料浆的存放有利。

表 3-51　　　　　　　　　　　　增稠剂对 A 料凝结时间的影响

增稠剂掺量/%	凝结时间/min	
	初凝时间	终凝时间
0	21	25
0.3	39	44
0.6	58	66
0.9	70	79
1.2	89	95

② 将增稠剂按石膏和石灰质量和的 0%、0.2%、0.4%、0.6%、0.8%掺入石膏和石灰混合物中,测试增稠剂对其凝结时间的影响,测试结果如表 3-52 和图 3-76 所示。

从表 3-52 和图 3-76 可以看出,随着增稠剂掺量的增加,石膏和石灰混合料的凝结时间逐渐延长,这说明增稠剂延长了石膏石灰混合料的凝结时间,从而对其料浆的存放有利。

表 3-52　　　　　　　　　　　　增稠剂对 B 料凝结时间的影响

增稠剂掺量/%	凝结时间/min	
	初凝时间	终凝时间
0	22	25
0.2	26	28
0.4	29	33

增稠剂掺量/%	凝结时间/min	
	初凝时间	终凝时间
0.6	36	39
0.8	40	46

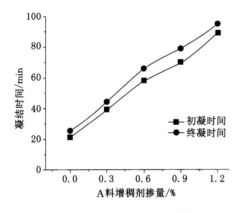

图 3-75　增稠剂对 A 料凝结时间的影响

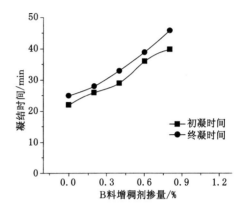

图 3-76　增稠剂对 B 料凝结时间的影响

③ 将增稠剂按硫铝水泥熟料质量的 0%、0.3%、0.6%、0.9%、1.2% 掺入硫铝水泥熟料中,测试减水剂对其流动性的影响,测试结果如表 3-53、图 3-77 和图 3-78 所示。

表 3-53　　　　　　　　　　　增稠剂对 A 料流动性的影响

增稠剂掺量/%	流动度/mm	流出时间/s
0	230	262
0.3	235	259
0.6	235	260
0.9	230	265
1.2	225	270

从表 3-53 和图 3-77 可以看出,随着增稠剂掺量的增大,硫铝酸盐水泥熟料料浆的流动度先是增大,后又减小,在 0.3%～0.6% 之间时最大。这是由于在掺加少量增稠剂时,可以增加料浆的滑动性,从而使其具有更好的流动性。

从表 3-53 和图 3-78 可以看出,料浆的流出时间也有类似的规律。因此,从料浆的流动性能而言,增稠剂的适宜掺量范围为 0.3%～0.6%。

④ 将增稠剂按 B 料质量的 0%、0.2%、0.4%、0.6%、0.8% 掺入 B 料中,测试其对流动性的影响,测试结果如表 3-54、图 3-79 和图 3-80 所示。

从表 3-54 和图 3-79 可以看出,随着增稠剂掺量的增大,石膏石灰混合料料浆的流动度先是增大,后又减小,在 0.2%～0.4% 之间时最大。这同样是由于在掺加少量增稠剂时,可以增加料浆的滑动性,从而使其具有更好的流动性。从图 3-80 可以看出,料浆的流出时间

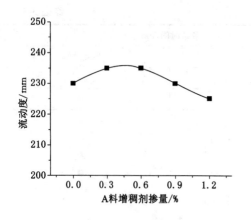

图 3-77　增稠剂对 A 料流动度的影响

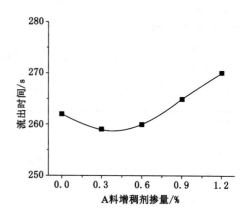

图 3-78　增稠剂对 A 料流出时间的影响

也有类似的规律。因此,从料浆的流动性能而言,对比石膏和石灰混合料,增稠剂的适宜掺量范围为 $0.2\%\sim0.4\%$。

表 3-54　　　　　　　　　　　　　增稠剂对 B 料流动性的影响

增稠剂掺量/%	流动度/mm	流出时间/s
0	220	267
0.2	225	261
0.4	225	270
0.6	220	275
0.8	215	279

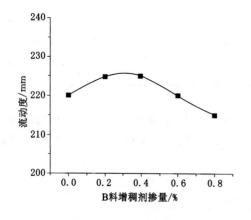

图 3-79　增稠剂对 B 料流动度的影响

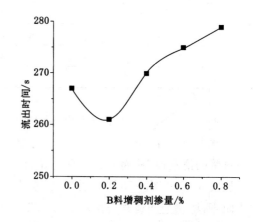

图 3-80　增稠剂对 B 料流出时间的影响

⑤ 将增稠剂按 A 料质量的 0%、0.3%、0.6%、0.9%、1.2% 掺入 A 料中,测试增稠剂对其泌水率的影响,测试结果如表 3-55 和图 3-81 所示。

表 3-55	增稠剂对 A 料泌水率的影响	
增稠剂掺量/%	30 min 泌水率/%	60 min 泌水率/%
0	3.08	3.61
0.3	2.33	3.01
0.6	1.05	1.85
0.9	0.63	0.71
1.2	0.55	0.58

从表 3-55 和图 3-81 可以看出,随着增稠剂的掺量从 0% 增大至 0.9%,30 min 的泌水率从 3.08% 减小至 0.63%,减小的幅度高达 79.5%,当掺量继续增大,由 0.9% 增大至 1.2% 时,泌水率由 0.63% 减小至 0.55%,仅减小了 2.6%,即减小的幅度较小,可看作不再减小。同样,60 min 的泌水率和 30 min 的泌水率有相同的规律。泌水率的测试结果表明,对于硫铝水泥熟料,0.9% 为增稠剂的适宜掺量。

⑥ 将增稠剂按 B 料质量的 0%、0.2%、0.4%、0.6%、0.8% 掺入 B 料中,测试增稠剂对其泌水率的影响,测试结果如表 3-56 和图 3-82 所示。

表 3-56	增稠剂对 B 料泌水率的影响	
增稠剂掺量/%	30 min 泌水率/%	60 min 泌水率/%
0	1.37	2.15
0.2	0.52	0.63
0.4	0.31	0.41
0.6	0.16	0.21
0.8	0.12	0.15

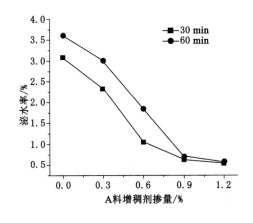

图 3-81　增稠剂对 A 料泌水率的影响

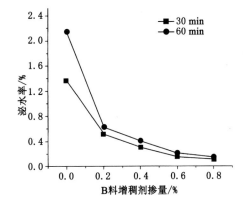

图 3-82　增稠剂对 B 料泌水率的影响

从表 3-56 和图 3-82 可以看出,随着增稠剂的掺量从 0% 增大至 0.6%,30 min 的泌水率从 1.37% 减小至 0.16%,减小的幅度高达 88.3%,当掺量继续增大,由 0.6% 增大至 0.8% 时,泌水率由 0.16% 减小至 0.12%,仅减小了 2.9%,即减小的幅度较小,可看作不再减小。同样,60 min 的泌水率也表现出和 30 min 相同的规律。泌水率的测试结果表明,对于石膏和石灰混合料,0.6% 为增稠剂的适宜掺量。

综合增稠剂对 A 料和 B 料对凝结时间、流动度和泌水率的影响,得出在 A 料中,增稠剂的掺量范围为 0.3%~0.9%,在 B 料中,增稠剂的掺量范围为 0.2%~0.6%。

(3)缓凝剂对注浆材料性能的影响

失流时间的调节包括两个方面,一是单液料浆的凝结时间,二是双液料浆的凝结时间。对于单液料浆而言,失流时间越长,则单液料浆存放的时间就越长,就越有利于施工,从而可以避免因单液料浆过早硬化造成的施工不利现象,如堵管、影响双液混合后的均匀程度等。为了延长单液失流硬化时间,分别往两种单组分材料中添加了缓凝剂,测试了缓凝剂分别对两组分的失流和硬化时间的影响。

① 选取缓凝剂一作为缓凝剂,将缓凝剂一按硫铝水泥熟料质量的 0%、0.3%、0.6%、0.9%、1.2% 掺入硫铝水泥熟料中,测试缓凝剂一对其凝结时间的影响,测试结果如表 3-57 和图 3-83 所示。

从表 3-57 和图 3-83 可以看出,随着缓凝剂一掺量的增大,硫铝酸盐水泥熟料的初凝时间从 23 min 增大至 1 165 min(约 20 h),对于终凝时间,也表现出相同的规律,即缓凝剂一对硫铝水泥熟料具有明显的缓凝效果。在实际施工时,料浆保持 2 h 不硬化就可以满足要求,因此,将缓凝剂一的掺量确定为 0.6%。

表 3-57 　　　　　　　　　　　　**缓凝剂对 A 料凝结时间的影响**

缓凝剂一掺量/%	凝结时间/min	
	初凝时间	终凝时间
0	23	26
0.3	117	195
0.6	265	271
0.9	582	593
1.2	1 165	1 189

② 选取缓凝剂一作为缓凝剂,将缓凝剂一按石膏和石灰混合料质量的 0%、0.3%、0.6%、0.9%、1.2% 掺入石膏和石灰混合料中,测试缓凝剂对其凝结时间的影响,测试结果如表 3-58 和图 3-84 所示。

从表 3-58 和图 3-84 可以看出,随着缓凝剂一掺量的增大,石膏和石灰混合料的初凝时间从 20 min 增大至 183 min(约 3 h),对于终凝时间,也表现出相同的规律。相对硫铝水泥熟料而言,缓凝剂一对石膏和石灰混合料的缓凝效果不如对硫铝水泥熟料的明显。在实际施工时,料浆保持 2 h 不硬化就可以满足要求,因此,根据试验结果,将缓凝剂一的掺量确定为 1.0%。

表 3-58 　　　　　　　　　　　　　缓凝剂对 B 料凝结时间的影响

缓凝剂一掺量/%	凝结时间/min	
	初凝时间	终凝时间
0	20	22
0.5	76	88
1.0	131	137
1.5	169	175
2.0	183	191

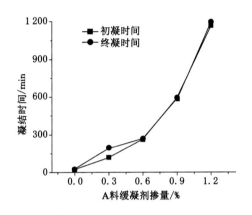

图 3-83 　缓凝剂对 A 料凝结时间的影响　　　　图 3-84 　缓凝剂对 B 料凝结时间影响

3.2.5.3 固结煤的强度

通过前面大量的试验研究,探索了双液注浆材料的基本配合比和各种外加剂对其性能的影响规律,得出了基本配比的参数范围和各种外加剂种类及其掺量。在此基础上,对注浆材料性能及固结煤的强度进行测试,测试结果见表 3-59 和图 3-85。

表 3-59 　　　　　　　　　　　　　　注浆材料及固结煤强度

编号	速凝剂掺量/%			试样抗压强度/MPa					4 h固结煤强度/MPa
	速凝剂一	速凝剂二	速凝剂六	2 h	8 h	1 d	3 d	28 d	
1	2	0.3	0	9.3	10.8	12.5	13.3	17.1	5.6
2	2	0	3	9.0	10.2	12.3	12.7	16.3	5.3
3	2	0.3	3	10.8	11.1	14.5	15.1	20.1	6.8
4	有机注浆料一								3.1
5	有机注浆料二								2.8

在掺加速凝剂后,试样 2 h 的抗压强度可达到 9 MPa 以上,尤其是三种速凝剂同时掺加时,不仅 2 h 的抗压强度能达到 10.8 MPa,且 28 d 能达到 20 MPa。4 h 固结煤粒的抗压强度结果表明,掺加速凝剂时固结煤的抗压强度均在 5 MPa 以上,均高于有机注浆料固结煤

(a) (b)

图 3-85　固结煤抗压试验

(a) 固结煤试样；(b) 固结煤试样破坏后

的抗压强度，以三种速凝剂均掺为例，其固结煤的强度比有机料的高 119.3%。

从压缩后煤与浆体结合情况看，虽然煤与浆体结合面仍是结构最弱面，是最先发生破坏的部位，但煤与浆体黏结紧密，即使破坏之后结构仍较为完整。

3.3　空巷充填材料配比试验研究

3.3.1　空巷充填体合理强度数值模拟分析

空巷充填材料是在新型无机双夜注浆材料的基础上调制而成的，利用 FLAC3D 软件对成庄矿 3311 综放工作面空巷充填前后的巷道围岩应力分布特征及围岩塑性破坏分布情况进行计算分析，确定充填体合理的强度，作为衡量充填性能一个重要指标来确定空巷充填材料的水灰比。

3.3.1.1　数值模拟计算方案

根据工作面实际生产条件，采用数值模拟软件对闭锁一巷、闭锁二巷围岩应力及塑性破坏范围进行计算分析。

采用 FLAC3D 有限差分软件建立的三维计算模型倾向长 200 m，走向长度 140 m，高度 60 m，未考虑煤层倾角，模型的左右前后四个侧面为单约束边界，施加水平方向的约束，即边界水平位移为零，只允许边界结点沿垂直方向运动；模型底部为全约束边界，即底部边界结点水平位移、垂直位移均为零；未模拟出的上覆岩层通过重力法进行计算，将其重力转化为外加应力，模型顶部采用应力边界条件将未模拟出的上覆岩层重力以外加应力的形式进行施加。数值模拟计算模型如图 3-86 所示，煤岩层力学参数见表 3-60。

对上述数值模型进行计算时，分别对空巷充填前后的巷道围岩应力分布和塑性破坏范围分布特征进行计算和对比分析，进而比较得出空巷充填对于围岩应力的影响。

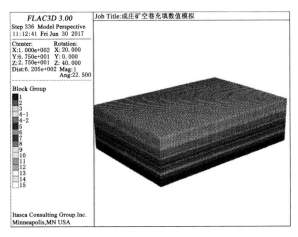

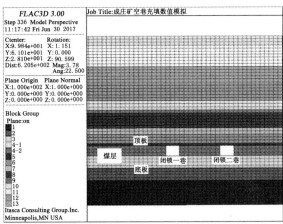

图 3-86　数值模拟计算模型

表 3-60　　　　　　　　　　　　　　主要煤岩层数值模拟力学参数

名称	弹性模量 E/GPa	泊松比 μ	抗拉强度 σ_t/MPa	内聚力 C/MPa	内摩擦角 φ/(°)	重度 γ/(kN/m³)
泥岩	3.84	0.27	2.31	8.82	25	11
砂质泥岩	12.77	0.28	4.32	10.53	26	26
粉砂岩	22.61	0.22	5.70	10.18	30	25
细粒砂岩	21.22	0.23	5.14	11.83	27.6	25
中粒砂岩	23.61	0.24	5.62	10.24	29	25
石灰岩	38.82	0.22	6.68	13.83	33	27
煤	1.63	0.33	0.56	1.81	24.8	14
充填体	1.52	0.32	0.25	1.4	27	22

3.3.1.2　空巷充填前后围岩塑性破坏情况分析

（1）未充填空巷模型计算分析

建立数值模拟计算模型后,首先对未进行充填的空巷模型进行计算分析,分析工作面推进过程中巷道围岩的塑性破坏情况,如图3-87、图3-88和图3-89所示。

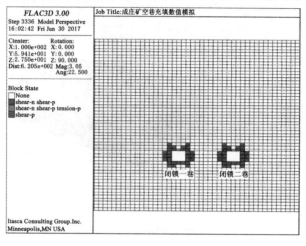

图3-87　空巷开挖后

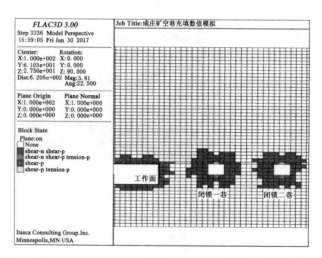

图3-88　工作面距空巷10 m时的空巷围岩塑性破坏情况

从图3-87、图3-88和图3-89可以看出,由于闭锁一巷及闭锁二巷的开挖,造成煤岩体中应力的重新分布,空巷围岩塑性破坏明显,空巷围岩塑性破坏范围2~3 m;当工作面推进至距闭锁一巷10 m位置处时,两条空巷周边的围岩塑性破坏范围明显增大,空巷围岩塑性破坏范围最大达到4~5 m,两空巷间煤柱塑性破坏范围较大;当工作面继续推进至距闭锁一巷5 m位置处时,空巷围岩塑性破坏范围进一步增大,两条空巷间煤柱发生了贯通性的塑性破坏,且从图中可以看出,两条空巷的顶底板及两帮发生了明显的位移变形,意味着空巷内部将会发生明显的收敛变形,甚至发生顶板下沉风险。

(2)充填空巷模型计算分析

采取同样的方法,对充填后的空巷模型进行计算分析,分析工作面推进过程中巷道围岩的塑性破坏情况,如图3-90、图3-91和图3-92所示。

从图3-90、图3-91和图3-92可以看出,对闭锁一巷及闭锁二巷进行充填后,巷道围岩塑性破坏范围明显减小,当工作面推进至距充填空巷10 m位置处时,由于空巷内部被

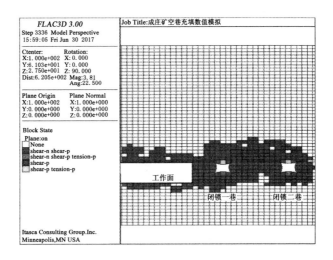

图 3-89　工作面距空巷 5 m 时的空巷围岩塑性破坏情况

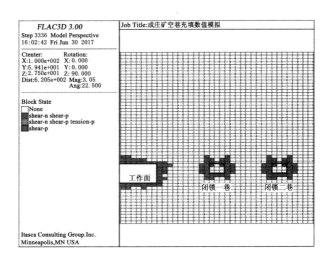

图 3-90　工作面距充填空巷 10 m 时的巷道围岩塑性破坏情况

充填体完全充填,巷道周围围岩塑性破坏范围为 2～3 m,两条巷道之间煤柱塑性破坏范围仅为煤柱宽度的 1/3;当工作面继续推进至距闭锁一巷 5 m 位置处时,巷道围岩塑性破坏范围有所增大,闭锁一巷围岩塑性破坏范围最大达到 6 m,两条巷道间煤柱塑性破坏范围约为煤柱宽度的 2/3;当工作面继续推进至闭锁一巷下方时,两条巷道围岩塑性破坏范围进一步增大,巷道内部充填体也几近完全塑性破坏,两条巷道间煤柱发生了部分贯通塑性破坏,但由于巷道内部完全充填,并未发生巷道的完全收敛变形,避免了顶板下沉风险。

　　通过对空巷充填前后的巷道围岩塑性破坏情况进行模拟分析发现,对闭锁一巷及闭锁二巷进行完全充填后,巷道内部充填体与煤岩体形成整体,共同承担工作面采动影响造成的应力作用,减少了巷道围岩的塑性破坏,避免了工作面顶板下沉风险,能够提高工作面回采至空巷区域的安全系数,也进一步证明空巷充填是保障工作面安全顺利过空巷的有效措施。

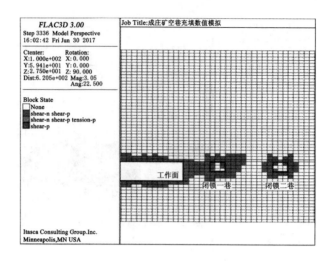

图 3-91　工作面距充填空巷 5 m 时的巷道围岩塑性破坏情况

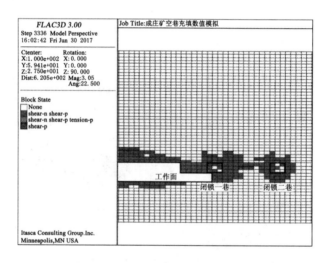

图 3-92　工作面在充填空巷下方时的巷道围岩塑性破坏情况

3.3.1.3　充填体合理强度分析

　　充填体合理强度的分析需要综合考虑充填体受力特点、充填材料消耗成本这两个因素。首先采用数值模拟的方法对充填体强度分别为 1 MPa、2 MPa、3 MPa、4 MPa 时,工作面推进至空巷下方时的空巷充填区域塑性破坏情况进行分析,并在模型中施加支架顶梁支护强度 0.85 MPa,如图 3-93 至图 3-96 所示。

　　从图 3-93 至图 3-96 可以看出,当充填体强度为 1 MPa,工作面推进至空巷下方时,工作面前方形成了大范围的塑性破坏,两条充填空巷间的煤柱形成了连通性的塑性破坏,说明充填体强度较低;当充填体强度为 2 MPa,工作面推进至空巷下方时,工作面前方煤岩体塑性破坏范围减小,两条充填空巷间煤柱的塑性破坏程度明显降低,煤柱中塑性破坏范围仅出现了少许连通现象,说明充填体与煤岩体形成了具有足够承载能力的共同承载体,并在工作面推进过程中发挥了积极的承载作用;当充填体强度为 3 MPa,工作面推进至空巷下方时,

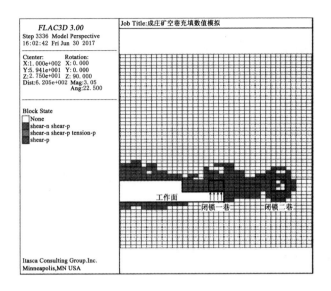

图 3-93　充填体强度为 1 MPa 时的充填巷道围岩塑性破坏情况

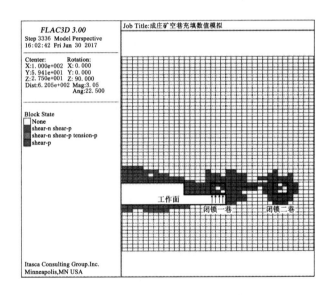

图 3-94　充填体强度为 2 MPa 时的充填巷道围岩塑性破坏情况

工作面前方煤岩体塑性破坏程度进一步降低,两条充填空巷间的煤柱不再发生连通性的塑性破坏;当充填体强度为 4 MPa,工作面推进至空巷下方时,工作面前方煤岩体塑性破坏程度进一步降低,两条充填空巷间的煤柱塑性破坏范围也进一步减小,塑性破坏范围仅为煤柱范围的 1/2,充填体与巷道围岩共同作用,形成了较好的承载效果。则可以初步判断,充填体强度大于 2 MPa 时,充填体能够发挥较好的支承作用。

从上述分析可以看出,充填体强度应大于 2 MPa,且充填体强度越大,工作面前方煤岩体的塑性破坏程度越小,对于工作面推进至空巷充填区域的安全保证性越强。

除此之外,从充填体材料消耗成本考虑,充填体强度越大,则充填材料使用量越大,成本越高,不同水灰比条件下的充填材料强度及用量对比如表 3-61 所示。

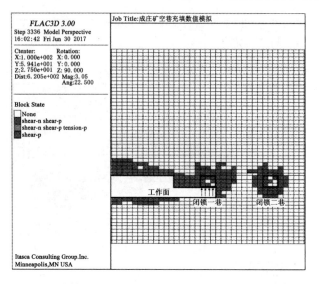

图 3-95 充填体强度为 3 MPa 时的充填巷道围岩塑性破坏情况

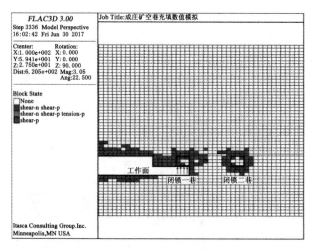

图 3-96 充填体强度为 4 MPa 时的充填巷道围岩塑性破坏情况

表 3-61 不同水灰比条件下材料性能参数

水灰比	固化时间/min	单轴抗压强度/MPa				材料消耗/（kg/m³）
		1 d	3 d	7 d	28 d	
2∶1	20	4.25	4.47	5.34	5.89	426
3∶1	45	1.02	1.85	2.8	3.0	305
4∶1	60	0.8	1.21	1.89	2.04	241
5∶1	80	0.41	0.52	0.82	0.91	194

从表 3-61 可以看出，材料水灰比越小，充填体的强度越高，但是单位体积充填体的材料消耗量越多，成本越高。由于现场工期紧张，空巷充填施工完成后即需进行回采，因此以 7 d 强度作为评价指标，结合数值模拟分析考虑，选择材料水灰比 3∶1 较为合适，既能保证充填

体较好的受力特性,同时又能够最大限度地降低工程成本。

3.3.2 空巷充填材料性能要求

成庄矿空巷充填体积约 5 700 m³,工期预计 20 d 左右,工期紧张、材料消耗大、对材料强度要求高,需要全面考虑工期、成本、施工可行性、强度等因素,对材料要求如下:

(1) 尽量提高水灰比减小材料用量,通过前述分析可知,采用材料水灰比 3:1 能够在保证充填体较好的受力特性的同时,最大限度地降低材料使用成本。

(2) 材料强度应大于 2.5 MPa。空巷位置在煤层顶板,将来工作面过空巷支架需要托住充填体,如果强度过低,容易造成支架顶部陷入充填体内,影响移架或者造成其他不可预计的影响,根据前期测试,水灰比超过 3:1,强度很难达到要求。

(3) 单液流动时间长、泌水小。泵站比较笨重,一次布置后不再移动,因此,两种单液必须有足够的流动时间满足管路输送。要求有 2 h 以上的流动时间,同时管路输送当中要求材料不能发生泌水沉淀。

(4) 混合浆有一定流动时间。现场实施分段充填,混合浆液直线流动距离至少保证 60 m,因此需要混合浆有 20 min 左右流动性。

(5) 混合浆能够快速凝固,强度快速增长。混合浆在 20 min 流动时间后,快速初凝、终凝,防止出现大范围漏浆,凝固之后强度快速增长,7 d 达到设计强度(2.4 MPa)。

综合分析,计划采用 3:1 水灰比,单液流动时间 2 h 以上,混合浆初凝时间 20 min 左右,7 d 强度要求 2.4 MPa 以上。

3.3.3 原材料选择

空巷充填材料分 A 料和 B 料。A 料主料为硫铝酸盐水泥熟料,B 料主料为石膏、石灰,加入一定比例的添加剂。

(1) 熟料

硫铝酸盐水泥熟料购买于长治,成分见表 3-62。

表 3-62　　　　　　　　　　硫铝酸盐水泥熟料的化学成分

化学成分	CaO	Al_2O_3	Fe_2O_3	SO_3	MgO	SiO_2	loss
含量/%	44.29	30.74	2.49	8.44	2.03	9.78	0.28

(2) 石膏

石膏购买于安徽,成分见表 3-63。

表 3-63　　　　　　　　　　硬石膏的化学成分

化学成分	SO_3	SiO_2	Al_2O_3	Fe_2O_3	CaO	MgO	loss
含量/%	46.12	4.17	2.40	0.91	37.58	2.03	3.29

(3) 石灰

石灰购买于焦作,其 CaO 的含量为 69.2%,属于中速石灰,颗粒细度为:80 μm 筛余量为 8.1%。

(4) 缓凝剂

选择 2 种缓凝剂,编号缓凝剂一、缓凝剂二。

(5) 速凝剂

选择 2 种速凝剂,编号速凝剂一、速凝剂二。

(6) 早强剂

选择 1 种早强剂。

(7) 水

采用自来水,其各项技术指标要求达到中华人民共和国行业标准《混凝土用水标准》(JGJ 63—2006)中的要求。

3.3.4 试验方法

(1) 流动度测试

实验室采用净浆流动度试模(图 3-97)对单液不同放置时间流动度做了测试。净浆流动度试模材质为铸铁镀铜,是标准高精度 $\phi36\times\phi60\times60$ mm 截锥圆模(模腔上截面直径 36 mm,下截面直径 60 mm,高度 60 mm)。该截锥圆模是检测水泥净浆在添加外加剂(减水剂等化学原料)后黏稠流动性能的专用试验器具,内壁表面光滑,产品符合 JG 3019 标准要求。

测试方法步骤如下:

① 将玻璃板放置在水平位置,用湿布将玻璃板、截锥圆模、搅拌器及搅拌锅均匀擦过,使其表面湿而不带水渍。

② 将截锥圆模放在玻璃板的中央,并用湿布覆盖待用。

③ 称取水泥 300 g,倒入搅拌锅内。

④ 加入推荐掺量的外加剂及 87 g 或 105 g 水,搅拌 3 min。

⑤ 将拌好的净浆迅速注入截锥圆模内,用刮刀刮平,将截锥圆模按垂直方向提起同时开启秒表计时,任水泥净浆在玻璃板上流动,至 30 s,用直尺量取流淌部分互相垂直的两个方向的最大直径,取平均值作为水泥净浆流动度。

⑥ 结果表达:表达净浆流动度时,需注明用水量,所用水泥的强度等级、名称、型号及生产厂和外加剂掺量。

⑦ 试样数量不应少于三个,结果取平均值,误差为±5 mm。

(2) 浆液流动性(黏度)试验

实验室采用马氏漏斗黏度计(图 3-32)对单液不同放置时间流出时间做了测试。马氏漏斗黏度计是 API 标准规定使用的,一种测量浆液黏度的仪器。其测量原理是用一定量(946 mL)的浆液在重力作用下从一个固定型漏斗中自由流出所需的时间来表示浆液的黏度。通常用"s"(秒)来表示。马氏漏斗黏度计由锥体马氏漏斗,六孔/厘米(16 目)筛网和 1 000 mL 量杯组成。锥体上口直径为 152 mm,锥体下口直径与导流管直径为 4.76 mm,锥体长度为 305 mm,漏斗总长 356 mm,筛底以下的漏斗容积为 1 500 mL。测试方法如下:

① 用手指堵住漏斗下部的流出口,将新取的浆液样品经筛网注入干净并直立的漏斗中,直到浆液样品液面达到筛网底部为止。

② 移开手指并同时启动秒表,测量浆液流至量杯中的 946 mL 刻度线所需要的时间。

③ 测量浆液的温度,以 ℃(或℉)表示。

④ 以秒为单位记录马氏漏斗黏度,并记录浆液的温度值(℃或℉)。

(3) 凝结时间测试

　　浆液凝结时间采用水泥净浆的测试方法,仪器为标准稠度测定仪、试针和圆模,见图3-98。因为硫铝酸盐水泥基注浆材料的凝结硬化比较快,所以应随时观察并及时进行测试。具体测试方法参照《水泥标准稠度用水量、凝结时间、安定性检验方法》(GB/T 1346—2001)。

图 3-97　净浆流动度试模

图 3-98　水泥凝结时间测定仪

（4）抗压强度测试

　　将浆体装入 70.7 mm×70.7 mm×70.7 mm 的立方体试模(图3-99),待硬化后,从试模中取出,放入 SHBY—40B 型数控水泥混凝土标准养护箱(图3-100)中养护至相应的龄期,采用 DYE—300 型电液式抗折抗压试验机(图3-101)测试其抗压强度。每组试件的抗压强度,以三个抗压强度测定值的算术平均值作为试验结果。若三个测定值中有一个值与平均值之差大于平均值的15%时,则取中间值作为该组的测试结果。

图 3-99　立方体试模

3.3.5　初凝和终凝时间调节

3.3.5.1　石膏、石灰比例对初凝、终凝时间影响

　　固定硫铝酸盐水泥熟料的质量比例为50%,水灰比3∶1,变化石膏、石灰的质量比,不

图 3-100　SHBY—40B 型数控水泥
混凝土标准养护箱

图 3-101　DYE—300 型电液式抗折抗压试验机

加入外加剂,测试浆体的初凝和终凝时间。测试结果见表 3-64。

表 3-64　　　　　　　　　　　　不同石膏、石灰比例下的凝结时间

石膏:石灰	2:1	3:1	4:1	5:1	6:1
初凝时间/min	50	55	60	80	100
终凝时间/min	220	170	120	160	200

从表 3-64 可以看出,石膏:石灰＝4:1 时效果最佳,初凝时间为 60 min,终凝时间为 120 min,增大或者减小石膏、石灰比例,初凝时间缩短,终凝时间延长。

3.3.5.2　速凝剂对初凝、终凝时间影响

(1)速凝剂一

固定熟料:石膏:石灰＝5:4:1,水灰比 3:1,变化速凝剂一掺量,不加入其他外加剂,测试浆体的初凝和终凝时间。测试结果见表 3-65。

表 3-65　　　　　　　　　　　　速凝剂一不同掺量下的凝结时间

速凝剂一掺量/%	凝结时间/min	
	初凝时间	终凝时间
0	60	120
1	50	100
2	30	80
3	15	50
4	10	50

从表 3-65 可以看出,随着速凝剂一掺量增大,初凝时间和终凝时间逐渐缩短,当速凝剂掺量大于 3% 时,初凝时间缩短幅度明显下降,终凝时间不再缩短。因此,认为速凝剂一掺量 3% 是比较合理的。

(2)速凝剂二

固定熟料:石膏:石灰＝5:4:1,水灰比 3:1,变化速凝剂二掺量,不加入其他外加剂,测试浆体的初凝和终凝时间。测试结果见表 3-66。

从表 3-66 可以看出,随着速凝剂一掺量增大,初凝时间和终凝时间逐渐缩短,但是速凝剂二对于初凝、终凝时间影响有限,终凝时间不低于 70 min,过长,无法满足使用要求。因此,认为速凝剂二不适用于本材料体系,不能取得理想的效果。

表 3-66　　　　　　　　　　　　　速凝剂二不同掺量下的凝结时间

速凝剂二掺量/%	凝结时间/min	
	初凝时间	终凝时间
0	60	120
2	50	100
4	40	80
6	30	70
8	20	70
10	20	70

3.3.5.3　缓凝剂对初凝、终凝时间影响

结合现场需求认为:在保证终凝时间的前提下,适当延长初凝时间,有利于混合浆液流动,取得更好的充填效果,确定速凝剂种类及掺量后,加入适当比例的缓凝剂,调节初凝时间。

(1)缓凝剂一

固定熟料:石膏:石灰＝5:4:1,水灰比 3:1,速凝剂一掺量 3%,变化缓凝剂一掺量,不加入其他外加剂,测试浆体的初凝和终凝时间。测试结果见表 3-67。

从表 3-67 可以看出,随着缓凝剂一掺量增大,初凝时间和终凝时间都延长,而延长终凝时间是不合适的,因此,认为缓凝剂一不适合于该材料体系。

表 3-67　　　　　　　　　　　　　缓凝剂一不同掺量下的凝结时间

缓凝剂一掺量/%	凝结时间/min	
	初凝时间	终凝时间
0	15	50
0.5	20	70
1	25	90

(2)缓凝剂二

固定熟料:石膏:石灰＝5:4:1,水灰比 3:1,速凝剂一掺量 3%,变化缓凝剂二掺量,不加入其他外加剂,测试浆体的初凝和终凝时间。测试结果见表 3-68。

从表 3-68 可以看出,随着缓凝剂二掺量增大,初凝时间逐渐延长,而对终凝时间影响比较小,效果较好,当缓凝剂二掺量为 1% 时,初凝时间和终凝时间较为适合现场使用,因此,确定采用缓凝剂二,掺量 1%～2%。

表 3-68   缓凝剂二不同掺量下的凝结时间

缓凝剂二掺量/%	凝结时间/min	
	初凝时间	终凝时间
0	15	50
1	20	55
2	25	60

3.3.5.4 早强剂对初凝、终凝时间影响

早强剂的作用是提高充填体的早期强度,尤其是数小时及 1 d 强度,加入适当比例的早强剂,有利于充填体的稳定。

固定熟料:石膏:石灰＝5:4:1,水灰比 3:1,速凝剂一掺量 3%,缓凝剂掺量 1%,变化早强剂掺量,测试浆体的初凝和终凝时间。测试结果见表 3-69。

表 3-69   早强剂不同掺量下的凝结时间

早强剂掺量/%	凝结时间/min	
	初凝时间	终凝时间
0	20	55
1	20	55
2	20	50
3	20	50

从表 3-69 可以看出,随着早强剂掺量增大,初凝时间几乎不变,终凝时间略有缩短,暂定早强剂掺量 2%。

3.3.6 强度调节

3.3.6.1 石膏、石灰比例对强度影响

固定硫铝酸盐水泥熟料的质量比例为 50%,速凝剂一掺量 3%,缓凝剂掺量 1%,早强剂掺量 2%,水灰比 3:1,变化石膏、石灰的质量比,测试单轴抗压强度。测试结果见表 3-70。

表 3-70   不同石膏、石灰比例下的单轴抗压强度

石膏:石灰	单轴抗压强度/MPa		
	1 d	3 d	7 d
2:1	1.2	1.6	1.8
3:1	1.1	1.8	1.9
4:1	1.1	1.9	2.8
5:1	0.8	2.0	2.9
6:1	0.7	2.0	3.0

从表3-70可以看出,石膏:石灰＝4:1时效果最佳,1 d单轴抗压强度1.1 MPa,3 d强度1.9 MPa,7 d强度2.8 MPa。石膏:石灰比例减小,出现前期强度略高,后期强度较低;石膏:石灰比例增大,出现前期强度低,后期强度略高。

3.3.6.2 速凝剂一对强度影响

固定熟料:石膏:石灰＝5:4:1,缓凝剂掺量1%,早强剂掺量2%,水灰比3:1,变化速凝剂一掺量,测试单轴抗压强度。测试结果见表3-71。

表3-71　　　　　　　　　　速凝剂一不同掺量下的单轴抗压强度

速凝剂一掺量/%	单轴抗压强度/MPa		
	1 d	3 d	7 d
0	0.4	1.0	1.2
1	0.8	1.2	2
2	0.9	1.4	2.6
3	1.1	1.9	2.8
4	1.2	1.9	2.8

从表3-71可以看出,不加入速凝剂一,各个龄期强度均偏低,原因是初凝、终凝过慢导致化学反应过慢,随着速凝剂一掺量增大,各个龄期强度均有所提高,这是因为速凝剂加入缩短了初凝时间和终凝时间,更有利于早期反应。当速凝剂掺量大于3%时,各个龄期强度增加均不明显。因此,认为速凝剂一掺量3%是比较合理的。

3.3.6.3 缓凝剂二对强度影响

固定熟料:石膏:石灰＝5:4:1,速凝剂一掺量3%,早强剂掺量2%,水灰比3:1,变化缓凝剂二掺量,测试单轴抗压强度。测试结果见表3-72。

表3-72　　　　　　　　　　缓凝剂二不同掺量下的单轴抗压强度

缓凝剂二掺量/%	单轴抗压强度/MPa		
	1 d	3 d	7 d
0	1.2	1.9	2.8
1	1.1	1.9	2.8
2	0.8	1.9	2.8

从表3-72可以看出,加入缓凝剂二,对于1 d强度略有影响,对于3 d和7 d强度影响不大,因此强度因素对于缓凝剂剂量参考意义不大,以缓凝剂对初凝和终凝时间影响为选择标准。

3.3.6.4 早强剂对强度影响

固定熟料:石膏:石灰＝5:4:1,缓凝剂掺量1%,速凝剂掺量2%,水灰比3:1,变化早强剂掺量,测试单轴抗压强度。测试结果见表3-73。

表 3-73   早强剂不同掺量下的单轴抗压强度

早强剂掺量/%	单轴抗压强度/MPa		
	1 d	3 d	7 d
0	0.4	0.8	2.5
1	0.8	1.2	2.6
2	1.1	1.9	2.8
3	1.2	1.9	2.8

从表 3-73 可以看出,早强剂加入对于 1 d 和 3 d 强度影响比较大,随着掺量增大,1 d 和 3 d 强度逐渐增加,但是对 7 d 强度影响很小;当早强剂掺量超过 2%,继续增加早强剂掺量对各个龄期强度几乎无影响,综合考虑 3 个龄期强度,确定早强剂掺量为 2%。

根据上述分析,确定最终配比为:

(1) 主料:熟料:石膏:石灰＝5:4:1;

(2) 添加剂掺量 6%,其中速凝剂一 3%,缓凝剂二 1%,早强剂 2%。

3.3.7 材料性能测试

3.3.7.1 单液性能

实验室研究发现,在流动状态下,单液浆不发生沉淀泌水。浆液在输送过程中,始终处于流动状态,单液性能测试的主要目的是掌握单浆 2 h 内的流动性能变化特征,以保证其施工性能。

(1) 流动度

采用净浆流动度试模测试,测试结果见表 3-74。

表 3-74   不同时间浆液流动度变化

时间	0 min	30 min	60 min	90 min	120 min
A 料流动度/mm	360	358	356	355	350
B 料流动度/mm	365	365	365	364	362

从表 3-74 可以看出,随着时间增长,A、B 两种浆液流动度几乎不变。

(2) 流出时间

采用马氏漏斗黏度计测试,测试结果见表 3-75。从表中可以看出,随着时间增长,A、B 两种浆液流出时间变化很小,对施工性能影响很小。

表 3-75   不同时间浆液流出时间变化

时间	0 min	30 min	60 min	90 min	120 min
A 料流出时间/s	27.5	28	28.5	29	29.5
B 料流出时间/s	27	27.5	28	28.5	29

3.3.7.2 双液性能

采用维卡仪和单轴抗压强度试验机测试。测试结果见表 3-76。

表 3-76   双液性能参数表

项目	内容	参数
凝固时间/min	初凝时间	20
	终凝时间	40
单轴抗压强度/MPa	1 d	1.1
	3 d	1.9
	7 d	2.8
	28 d	3.0

3.3.8 大体积充填体性能测试

为进一步模拟现场浆液固化情况,在实验室进行了大体积固结试验。采用试验器具及材料如下:

充填模板:纸箱,尺寸 1 m×0.4 m×0.5 m,内铺塑料布用于防漏和保温;

材料:空巷充填材料 A、B 各 70 kg;

器具:大塑料搅拌桶、搅拌棒等。

同时采用温度检测仪器对充填体内部温度进行实时监测,测试过程和结果见图 3-102。

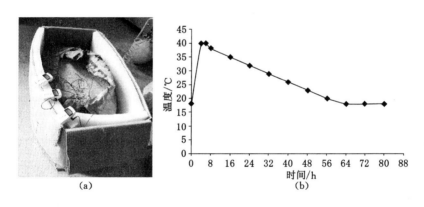

图 3-102　大体积充填体测试过程和结果
(a) 大体积充填体外观;(b) 大体积充填体温升曲线

充填体在成型 3 h 时,温度上升到最高,约 40 ℃,维持此温度约 3 h,然后逐步缓慢下降,64 h 后基本恢复到与室温相同。

同时,观测到大体积充填体终凝时间约 18 min,原因是大体积充填体形成聚热条件,高温有利于浆液凝固。

7 d 后,脱模取样,制作成 70.7 mm×70.7 mm ×70.7 mm 标准试样,测试单轴抗压强度强度,取样试件见图 3-103。

取样测试,7 d 强度 3.2 MPa,比小体积略高,证明现场大体积充填形成的聚热条件下,更有利于充填体强度增长,满足了充填材料试块在水灰比 3∶1 条件下的 7 d 抗压强度不低于 2.4 MPa 的技术指标要求。

(a)   (b)

图 3-103　大体积充填体取样试件

4　大断面沿底空巷充填支柱支撑技术

4.1　充填支柱技术构成

充填支柱技术主要包括三个方面：充填支柱材料、充填支护模袋和远距离泵送充填施工工艺。

（1）充填支柱材料

充填支柱材料由单组分或双组分无机粉料组成，采用防潮包装袋包装，每袋包装重量25 kg。现场使用时，按照确定的配比与水混合（水与料的质量比为 2∶1～1∶1）。经专用螺杆式注浆泵自动连续下料→搅拌→输送至支柱充填模袋内。材料具有适宜远距离泵送施工，且强度增长快速、最终强度高的特点和一定让压变形性能。支柱可一次快速成型（高度为 2～6 m)且不变形、不偏斜。

充填支柱材料是属于新型硫铝酸盐水泥、硅酸盐水泥及多种特性辅助材料组成的水硬性无机材料类别，不同于硫铝酸盐水泥在高含水下强度较低的缺点，又不同于硅酸盐水泥无法实现高含水下快速固结的缺点，在化学反应原理上是水泥石和钙矾石结晶有效平衡的复杂固结体系。

充填支柱材料的力学性能见表 4-1。需说明的是：抗压强度是指材料的单轴静态抗压强度。若考虑到支柱充填袋加上束筋约束的影响，首先控制材料的受压后微裂纹的产生和扩展，进而大大提高其整体承载抗压强度，单轴静态抗压强度要高至少 50% 以上。

表 4-1　　　　　　　　　　　**充填支柱材料性能表**

项目		单位	技术参数
水/料比		—	2∶1～1∶1
单方用料量		kg	450～600
抗压强度	2 h	MPa	～2.5
	6 h	MPa	0.5～3.0
	1 d	MPa	1.5～6.0
	7 d	MPa	3～10.0
	14 d	MPa	4.5～19.0

（2）充填支柱模袋

支柱充填袋（图 4-1 和图 4-2）是一种阻燃、高强度尼龙纤维涂布材料做成的圆柱形结构，其中夹有环绕的钢丝加强筋以加强支柱的抗劈裂强度，同时能保证材料充填时快速成型。使用前,支护模袋压缩成"饼状",现场使用时直接打开包装,充填袋顶部有悬吊的安装孔直接悬挂在顶板锚网上,充填袋能直接撑开垂直立于底板上,形成充填支护模型。

图 4-1　充填支柱井下支护

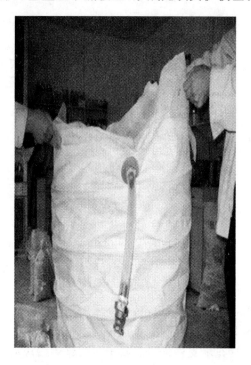

图 4-2　充填支柱充填模袋

(3)远距离泵送充填施工工艺

充填支柱支护技术远距离泵送充填施工工艺可实现远距离(100～500 m)连续泵送施工,施工安全、快速、高效、简便。配套的施工设备——专用注浆泵为电动螺杆泵(防爆电机,660 V/1 140 V),可固定水料比、边混合边输送,连续性施工,远距离输送。螺杆式注浆泵见图 4-3,其性能参数见表 4-2。

表 4-2　　　　　　　　　　　　　螺杆式注浆泵性能参数

序号	项目	单位	参数值	备注
1	电动机功率(YBK 型)	kW	7.5	
2	额定电压	V	660/1 140	
3	浆料最大输出压力	MPa	1.8	
4	浆料最大输出流量	L/min	＞200	
5	浆料泵送距离	m	200～500	
6	实现不同水灰比混合		1∶1～3∶1	精确调速、可控
7	泵的尺寸	mm	2 050×870×950	

图 4-3 螺杆式注浆泵

4.2 充填支柱支护方案设计

根据寺河煤矿 5301 工作面井下巷道布置，工作面未来需要通过的空巷有平行于工作面倾向方向的三条空巷（位置为 53011 巷与 53017 巷之间，长度为 40 m，其中第二条空巷约与工作面倾向方向倾斜角度为 45°，长度为 49 m）以及垂直于工作面倾向方向的空巷 53017 巷，长度约 194 m，合计空巷长度为 323 m。见图 4-4。

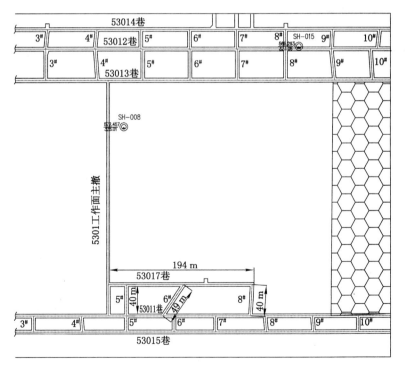

图 4-4 寺河煤矿 5301 工作面空巷分布情况

根据上述研究结果，确定了充填支柱的直径为 1 m，充填支柱的高度为空巷高度4.5 m，支柱上部设置 200～300 mm 具有一定让压变形能力的充填让压层。个别地点空巷高度为

5 m 时,采用 1.2 m 直径充填支柱。

(1) 53017 巷与 53011 巷之间横川充填支柱布置方式:横川内施工两排支柱,形成"三花"交错布置,靠近回采侧一排距帮 500 mm,离回采侧较远一排距帮 800 mm。单排支柱间间距为 1 500 mm、两排间间距为 1 700 mm。上述距离均为支柱边缘到边缘距离。具体见布置图 4-5。

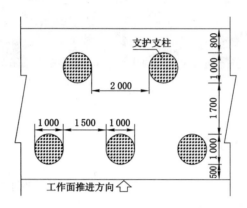

图 4-5　53011 巷与 53017 巷横川间充填支柱布置示意图(俯视图)

(2) 53017 巷充填支柱布置方式:53017 巷支柱按照单-双-单-双布置。单支柱布置在巷道正中间,双支柱分别距两边煤帮 750 mm(支柱边缘到煤帮),支柱间距为 2.5 m(支柱边缘到边缘中),见布置图 4-6。

(3) 53017 巷、53017 巷与 53011 巷间的横川顶板维护采用直径 1 000 mm 充填支柱,支柱充填袋根据巷道不同位置的顶底板高度定制成高度为 4 000~5 000 mm,其中大部分高度为 4 000 mm,部分为 4 500 mm 或 5 000 mm。支柱设计成两层结构,上部 300 mm 为充填柔性让压层,下部 3 700 m 为充填支柱支护层,见图 4-7。

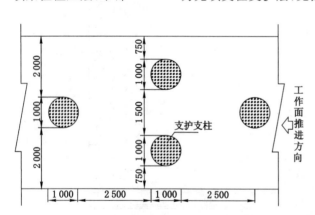
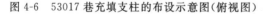

图 4-6　53017 巷充填支柱的布设示意图(俯视图)

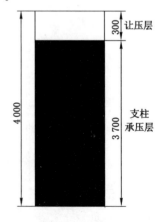

图 4-7　充填支柱结构设计示意图

(4) 横川与正巷交叉处及其他地方可根据现场情况及施工服务技术人员意见适当增加充填支柱数量。

4.3 充填支柱支护施工工艺

（1）准备工作

注浆泵放置在 53017 巷内或撤架通道，输送距离为 250～300 m。

（2）悬挂充填支柱充填袋

按照充填支柱布置设计，悬挂支柱充填袋。先用井下压风把充填模袋充气成型，然后把支柱充填袋上方挂钩孔固定在巷道顶部的金属网上，要求扎紧。让支柱袋自然垂下，充填袋的底部正好落于设计位置。充填模袋悬挂和固定十分重要，会直接影响到接下来注浆时支柱的准确位置、支柱的接顶好坏性。如果悬挂不牢靠，可能导致注浆施工时模袋脱钩发生倒塌或歪斜致使支柱施工失败的结果。

（3）固定充填支柱充填袋

用 4～6 根窄木条紧贴支柱充填袋（3～5 cm 宽和厚的木条），长度为 3 m 左右，分别均匀放置在支柱充填袋四周位置，用细铁丝捆绑在支柱充填袋上。目的是保证支柱充填袋顶底垂直于巷道的顶底板，而不发生偏斜，并用吊线四周检查支柱袋子是否垂直顶底板。

（4）充填支柱施工操作

按照施工泵操作规程上料和注浆。在出料管端连接三通采用同时充注两个支柱模袋方式，这样便于施工中充满支柱模袋换袋充注的安全、可靠控制。施工时采取三班连续施工措施，井下交接班，要求每个支柱袋子都必须是一次充注成型到位，不得分两次浇筑（上部让压层是在下部支护一次充注完成一定数量后再统一充注），以确保支柱材料的均匀性和力学均匀性。施工系统示意图如图 4-8 和图 4-9 所示。

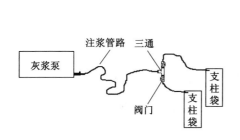

图 4-8　充填支柱注浆施工工艺示意图

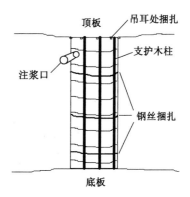

图 4-9　充填支柱充填模袋悬挂工艺示意图

充填支柱本次工业性试验每天按照三班作业制度，每班 6 人，其中 2 人负责施工泵的搬运料和喂料、3 人负责挂袋和充注支柱模袋、1 人领班技术负责。每个班平均施工 7～8 个支柱。每天施工 21～24 个支柱。一共施工 10～14 d 结束全部工作。其中由于配合综采队搬运物料停止施工几个班。支柱质量合格率达到 98% 以上（质量合格考察指标为：支柱的垂直度、接顶情况、排距和间距等）。共施工充填支柱数量为 186 个，用料 280 t。由于顶底板的高度局部存在一定的差异，支柱的高度也根据现场定制了不同高度，具体数据如表 4-3 所示。

表 4-3	支柱充填模袋用量及规格统计表	
支柱充填模袋规格	使用量/个	备　注
直径 1 m×高度 4 m	127	空巷支护高度为 3.8 m
直径 1 m×高度 4.5 m	53	空巷支护高度为 4~4.5 m
直径 1 m×高度 5.1 m	6	空巷支护高度为 4.5~5.1 m
合计数量	186	

充填支柱施工完的效果照片如图 4-10 所示。

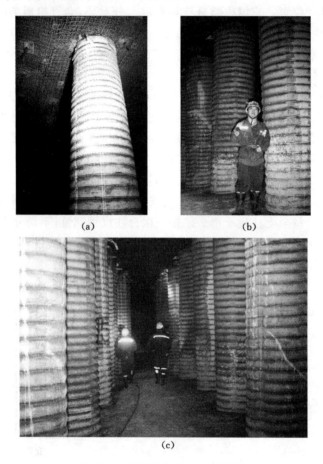

图 4-10　充填支柱支护空巷照片

4.4　过空巷施工方法及注意事项

5301 工作面回采过程中要通过 53017 巷及 53017 巷与 53011 巷间的联络横川,通过空巷时,使用充填支柱维护空巷顶板。由于空巷巷帮及顶部有锚杆、网片、锚索,推进时需要采取措施保证顶板平缓过渡及防止发生意外损坏设备。为保证 5301 工作面能安全顺利通过空巷,特制定以下安全技术措施。

（1）工作面与空巷贯通后,根据空巷顶板条件,采取以下方法：

① 若空巷顶板压力不大、无明显动压显现时,采取机组扫顶方式。采取扫顶方式时,机组通过空巷时要将空巷顶板锚索退掉,退出的锚索要及时捡干净,严禁进入出煤系统。

② 若空巷顶板压力出现动压显现（例如,出现顶板下沉、裂缝、破碎、底鼓、鼓帮严重等现象）时,则采取卧底方式。采取卧底方式时,要提前距空巷约 20 m 时对底板进行卧底,每次卧底量约 50 mm。为防止工作面倾角过大而影响机组通过,采取卧一刀平一刀或两刀的方式。

（2）若机组割不动底板时,采取打眼爆破起底。打眼爆破施工作业方法如下：

① 矸体放震动炮的施工工艺：

a. 采用 7655 型或 28 风动钻机进行干式打眼作业,工作面必须准备 3～5 台风动钻机。炮眼深度为 1.2～1.5 m,炮眼倾角 30°～50°,炮眼间、排距为 0.5～0.8 m。现场由综采一队跟班干部、验收员根据矸体硬度适当调整孔距或排距及炮眼位置,以达到最大的破矸效果。如果打眼打在煤层上,钻孔作废,严禁装药爆破。

b. 选用Ⅲ级煤矿许用乳化炸药,毫秒延期电雷管。1.2～2 m 深炮眼每孔装药 2～3卷,每次起爆不超过 40 个炮眼,最小抵抗线不小于 0.3 m,炮眼封泥必须封满封足。同时要根据现场矸体的硬度情况,适量增减单孔装药量、炮眼深度。

c. 打眼可分组作业,每组不少于 3 人,打眼下风侧挂便携仪。

② 打眼爆破施工工艺流程：

安全检查→保护支架、管线、设备→（支架闭锁）→打眼→检查瓦斯→装药→清人设警戒→检查瓦斯→爆破→检查瓦斯→（升紧支架）→自检验收。

③ 爆破施工注意事项：

a. 要提前准备爆破器材。包括爆破器（FD200D(B)型起爆器）、炸药（煤矿许用Ⅲ级乳化炸药,$\phi 35 \times 200$ mm,重 200 g）、雷管（毫秒延期电雷管,最后一段延期时间不超过 130 ms）、爆破母线（煤矿许用的母线）等。

b. 采用 7655 型或 28 型风动钻机、$\phi 38$ mm$\times 2.5$ m 钻杆（配 $\phi 43$ mm 的钻头）进行干式打眼作业。

c. 装药前,必须用压风将炮眼内的泥水、粉尘吹干净。

d. 采用正向装药,药卷要落到眼底,封泥长度全部封满炮眼。

e. 炮线各接头需擦净、接牢,不得漏连,连接处严禁与电缆等带电体接触。

f. 爆破前,需清理人员,人员全部撤至爆破警戒线外并派专人站岗设警戒。

g. 实行一次装、一次起爆,选用 FD200D(B)型起爆器起爆。

h. 爆破后待吹散工作面的炮烟,确定安全,人员方可进入工作面。

i. 爆破破矸工作不能与矸体放震动炮同时进行。

j. 工作面只允许一个爆破工,一台爆破器作业。

k. 爆破前必须将电缆、水管、液管等用废弃胶带保护好。

（3）过空巷拉架时,要将支架降下一定高度,防止顶梁摩擦顶板上的网片、锚杆、锚索等铁器产生火花。

（4）距空巷约 20 m 时开始调整采高、顶板,将 140#～173# 支架采高降至 3.8～5.5 m,保证与空巷贯通时工作面顶板和空巷顶板随平。

（5）提前在空巷附近支架上接上洒水管，机组割铁器和矸时，要用水冲截割点，防止产生火花。工作面要准备一定数量灭火器（保证每个架放1个灭火器，机组上放置至少2个灭火器）。各转载点司机要提高责任心，时刻注意，拉出铁器、杂物等要及时，停机闭锁后捡出。

4.5 安全技术措施

（1）机组过空巷时要提前调整采高、顶底板，保证和空巷贯通时顶板缓慢随平，采高达到3.8～5.5 m，机组通行畅通，支架活柱行程不低于0.3 m。

（2）在采煤机割矸的过程中，要控制好机组速度，机组速度要控制在2 m/min以下，采煤机割矸过程中，采煤机喷雾必须保持正常且必须开到最大，保证内喷雾压力不小于2 MPa，外喷雾压力不得小于1.5 MPa；机组司机在机组开动前必须先打开机组喷雾，并确认喷雾使用正常后方可开机，否则不得开机割煤；如果内喷雾雾化效果差，必须进行处理；另外，过空巷期间在工作面割硬矸处铺设至少2趟高压水管，割矸时人工拿好高压水管（站在支架踏板上）朝机组截割点喷射，罩住截割点，增强喷雾效果；生产班要加强采煤机、破碎机截齿磨损情况的检查，并及时进行更换。

（3）对工作面出现的直径超过900 mm的大矸要采用7655型风动钻机（或帮钻）进行打眼爆破破碎，直径小于900 mm的大矸人工用风镐处理。

（4）割矸期间，破碎机处必须安排专人看护闭锁键，发现大块的矸石通不过破碎机时，及时停机进行处理，保证工溜、破碎机顺利运行。

（5）转载机司机在转载机机头看大块矸石，出现大的矸块要及时闭锁胶带，将矸块捡出，严禁500 mm以上矸块上盘区和主运系统。

（6）机组过空巷时割出的铁器机尾端头工要及时捡干净，工溜司机要加强对工溜的观察，发现有铁器要及时停机闭锁后捡出。

（7）工作面过空巷期间，为保证工作面通风正常，要严格执行《5301工作面过空巷通风瓦斯治理安全技术措施》，密切注意煤体及瓦斯变化情况，发现煤体及瓦斯异常变化时及时向相关业务部室汇报，并配合瓦解工采取措施进行处理。

（8）其他严格执行《煤矿安全规程》、《5301大采高工作面作业规程》、《机电设备操作规程》及各工种岗位责任制和上级有关管理规定。

（9）若现场情况发生变化，此措施不能有效指导现场作业时，必须制定专项补充安全技术措施。

（10）所有施工人员必须认真学习本措施，签字并严格执行。

5　沿顶完整空巷充填治理技术

5.1　材料用量计算

综合考虑工程实际情况和经济效益,本次充填设计为空巷内部空间一次充填,空巷充填材料水灰比3∶1,并考虑5%的材料富余系数,以此计算材料消耗量。

由材料基本性质可知,充填材料在使用水灰比3∶1的条件下,每立方米充填体需要使用充填材料305 kg,单条闭锁巷使用材料计算为:3.3 m×4.6 m×194 m×305 kg/m³＝898.2 t(两条空巷巷道长度均为194 m,巷道断面尺寸均为3.3 m×4.6 m),则两条空巷使用充填材料总量1 796.4 t,考虑5%的富余系数,则本次充填所需使用的充填材料总量约为1 796.4×1.05＝1 886.2 t。

5.2　空巷充填系统

井下移动式空巷充填方式具有灵活、轻便、易操作等特点,对充填条件要求不高,对井下环境适应性比较强,可进行井下流动式充填。移动式充填方式结构组成简单,人员配备少,工艺系统简单易操作[51-60]。

空巷充填材料消耗量大,需采取双搅拌桶循环制浆、连续供浆,因此,移动式制浆站由4台搅拌桶、2个盛浆桶、1台双液注浆泵、混合器和数根液压胶管组成。即:A料、B料各采用2个搅拌桶制浆,每个搅拌桶配置一个吸浆管和一个阀门,通过三通混合成一根吸浆管与吸浆泵连接。搅拌制浆时,一桶供浆,另外一桶制浆。当供浆桶材料使用完毕,切换阀门至制浆桶供浆。循环式制浆能够控制水灰比,保证浆液质量,采用双液注浆泵进行远距离输送,浆液A和浆液B输送到充填地点时,经混合器混合均匀后输送到充填地点,充填系统图如图5-1所示。

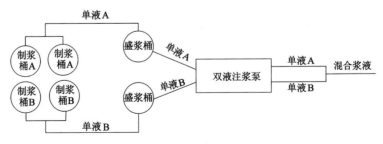

图 5-1　移动式制浆充填系统示意图

由于高水速凝材料的 A 料和 B 料两部分必须等量进浆、混合均匀，其强度才能达到最大，而以往的泵大多采用往复式，一般两侧进浆的注浆泵不是等量的，而且不是同时进浆、同时出浆，难以保证甲乙料等量进浆、均匀混合。采用 ZBYSB700/8—55 型双液注浆泵，该泵为卧式双作用往复式活塞泵，双缸独立，两个吸排口，能进行双液注浆，注浆比为 1∶1，注浆速度分为 4 种。该泵两出口连接混合器，浆液由混合器混合后输出。搅拌桶采用 JB1500 型电动搅拌桶。双液注浆泵、搅拌桶见图 5-2。

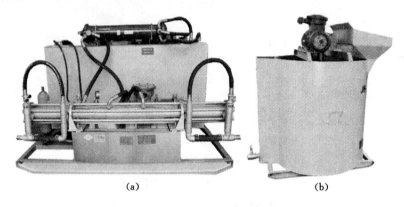

(a)　　　　　　　　　　　　　(b)

图 5-2　双液注浆泵及搅拌桶

（1）ZBYSB700/8—55（煤矿用液压泵）1 台

技术参数见表 5-1。

表 5-1　　　　　　　　　　ZBYSB700/8—55 型矿用液压泵技术参数

序号	项目	数值
1	额定流量/(L/min)	700
2	额定压力/MPa	8.5
3	电机功率/kW	55
4	防爆电机型号	YBK2−250M−6
5	使用电压/V	660 V/1 140
6	邮箱容积/L	600
7	外形尺寸（长×宽×高）/m	2.6×0.4×1.7
8	主机质量/kg	1 800
9	可调浆比	1∶1～1∶0.5

（2）JB—1500L（煤矿用搅拌桶）4 台

技术参数见表 5-2。

表 5-2　　　　　　　　　　JB—1500L 型电动搅拌桶技术参数

序号	项目	数值
1	搅拌桶容量/L	1 500
2	电机功率/kW	4

序号	项目	数值
3	防爆电机型号	YBK2－100L2－4
4	使用电压/V	660/1 140
5	外形尺寸（长×宽×高）/m	1.3×1.2×1.7
6	质量/kg	520

两条闭锁巷充填空间 5 762 m³，工期 20 d，每天充填 10 h 计，每分钟充填量 480 L，该型号泵排浆量 700 L/min，可以满足要求；搅拌桶共计两组，每组两个，一组搅拌成浆，一组上料，根据经验，每组上料时间 5 min，制浆效率 600 L/min，可以满足要求。

首先检查充填泵工作状况、管路通畅情况，一切正常后，开动充填泵，搅拌输送，上料要等量均匀连续，严格控制好料浆配比。充填过程中，应巡回检查充填周边情况，发现问题及时处理。充填结束后，用水清洗充填管路及充填泵，避免造成管路堵塞，影响下次充填。

5.3 闭锁二巷充填方案设计

本次充填，拟先对闭锁二巷进行充填，充填方法是通过钻孔插管灌注充填，如图 5-3 和图 5-4 所示，具体方案如下：

图 5-3 闭锁一巷和二巷连接钻孔示意图（剖面图）

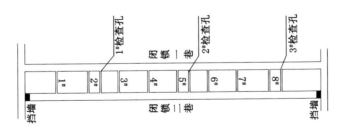

图 5-4 灌浆孔及检查孔布置示意图

（1）灌注钻孔施工及封孔

① 从巷道底板高程来看，闭锁一巷较二巷底板高程高，可以从闭锁一巷向闭锁二巷施工钻孔，钻孔呈水平角度施工或略带 1°～3°仰角，穿透煤柱，至闭锁二巷，钻孔间距 20 m，需施工 8 个钻孔。

② 钻孔直径 75 mm，钻孔内插直径 38 mm 的高压胶管，高压胶管 2 根，每根 10 m。

③ 在闭锁二巷内将高压胶管出浆口吊挂在顶板最高处。

（2）充填检查孔施工及封孔

为了防止堵管或局部接顶不佳,间隔 60 m 施工检查孔,施工方法与灌注孔相同,作为返浆观察孔,也可以作为补充灌注孔,分别在下部巷口以里 60 m、120 m、170 m 位置施工,此三个观察孔位于巷道局部高点施工,终孔位置最好位于闭锁二巷顶部,检查孔插管及封孔与充填孔一致。

(3)挡墙施工

① 下部挡墙分两个阶段实施,第一阶段高度 2.8 m,预留 0.5 m 的通风空间,目的是确保通风,人员可以进入查看浆液流动以及凝固情况,为后期方案修正提供现场依据。

② 在闭锁二巷与 33111 巷交岔口以里 5 m 位置施工一道木板墙,板墙内部表面铺废旧风筒布,以防止板缝漏浆。

③ 木板墙外部架设单体柱,单体柱间距 0.6 m,紧贴板墙设置,防止板墙被推到。

④ 木板墙四周与煤壁接触处的间隙部分用编织袋或棉纱堵实。

⑤ 充填体长度超过 24 m 后,充填液面即将达到第一阶段施工的挡墙高度 2.8 m 处,此时将板墙顶部剩余的 0.5 m 部分完全封闭,同时将上部挡墙也完全封闭,二巷停止通风,禁止人员进入。

(4)管路铺设

① 输浆管路采用直径 50 mm 高压胶管及部分蛇形管,混合管长度 20 m,以确保浆液充分混合。

② 本次充填采用流量为 700 L/min 的双液充填泵,输浆管路为 2 条,通过三通或者人工加工 Y 形混合器将浆液混合成一趟管,通过混合管将浆液充分混合。

③ 根据充填过程,逐步接长充填管路,初步计算共需高压胶管 20 根,每根 30 m。

④ 在二巷中巷帮铺设一组(两趟)蛇形管,以作为一巷的充填管路使用,管路铺设过程中应注意吊挂平直、无起伏。

(5)材料及配件

材料及配件主要包括棉纱、蛇形管、连接钢管、高压胶管、快速接头、U 形卡、三通、高压球阀、铁丝等,具体见表 5-3。

表 5-3   闭锁二巷充填设备及配件表

序号	名称	规格型号	数量	备注
1	棉纱		若干	
2	蛇形管	ϕ50 mm	192 m	单根长度 16 m×12 根
3	连接钢管	ϕ50 mm 钢管,1.5 m/根	12 根	一端焊接 ϕ50 mm 快接
4	高压胶管	ϕ50 mm	600 m	20 根,30 m/根
5	快速接头	ϕ50 mm	16 个	
6	U 形卡	ϕ50 mm	32 个	
7	三通	ϕ50 mm	1 个	钢管加工
8	高压球阀	ϕ50 mm	10 个	
9	铁丝	管路吊挂	若干	

5.4　闭锁一巷充填方案设计

5.4.1　方案一:分段不通风方式

（1）输浆管路铺设

利用闭锁二巷中预埋的充填管路进行充填,预埋管路的下端口连接液压泵双液输浆管路,上端部连接闭锁一巷的充填管路,如图5-5所示。

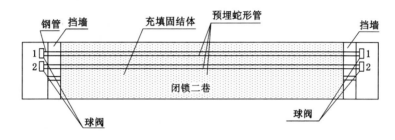

图 5-5　闭锁二巷预埋闭锁一巷充填输浆管路

（2）施工顺序

分段不通风方式将闭锁一巷充填分为两个阶段,第一个阶段先在下部施工一道挡墙,挡墙顶部预留 0.5 m 的通风空间,挡墙高度根据现场实际巷高确定,初步定为 2.8 m,通过实施第一个阶段充填,检验浆液自流扩散情况、固结情况、蛇形管输浆情况,为后期充填放浆点设计、管路铺设提供依据。

根据第一个阶段浆液自流扩散情况,确定放浆点,初步拟定在闭锁一巷内布置 3 个放浆点,最后一个放浆点布置于充填挡墙上。

每个放浆点位置均需要单独铺设管路,管路可以根据第一阶段实验情况,采用蛇形管,出口位置确保处于区域最高点,混合管长度 40～60 m,剩余管路为双趟管路,双趟管路通过三通与混合管相连。

当闭锁一巷下部液面高度达到 2.8 m 时(巷口高度 3.3 m,顶部预留 0.5 m,墙高 2.8 m),充填长度达到约 26 m。此时将闭锁巷下部挡墙上端预留 0.5 m 高度封闭,并在闭锁巷上部全断面打设挡墙,整条闭锁巷不再需要人员进入,停止通风。

（3）导流槽设计

考虑到充填材料 A、B 混合后,浆液逐渐固化,流动距离有限,建议安装导流槽辅助扩大浆液流动距离。增加导流槽一方面能够将浆液流动俯角由 3° 增加到 8°,另一方面对浆液的流动距离要求降低 50%,同时导流槽光滑的内壁降低了摩擦力,更有利于浆液的流动。

导流槽可采用 ϕ200 mm 的 PVC 管制作,每根 3 m,将 ϕ200 mm 的 PVC 管沿中部一分为二,安装时可首尾交叉,胶水黏结牢靠。导流槽可固定在巷帮,在相互连接位置用铁丝固定在巷帮,固定牢固。首节可用 3 m 长完整 PVC 管,以防出浆口浆液喷射时沿途漏浆,不能沿导流槽流动。如图 5-6 和图 5-7 所示。

第一阶段充填采用管路 1,充填第二阶段时,将管路 1 出浆口前 50 m 用导流槽替代,液

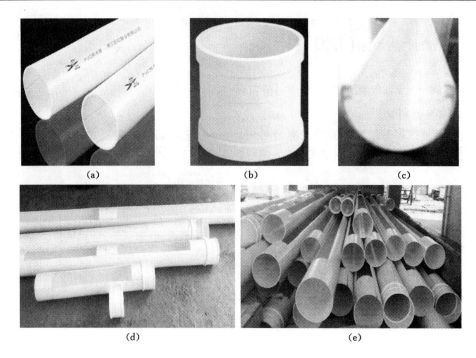

图 5-6 闭锁一巷导流槽示意图
(a) PVC 管;(b) 接箍;(c) 导流槽;
(d) 成套导流槽设备;(e) 导流槽管材

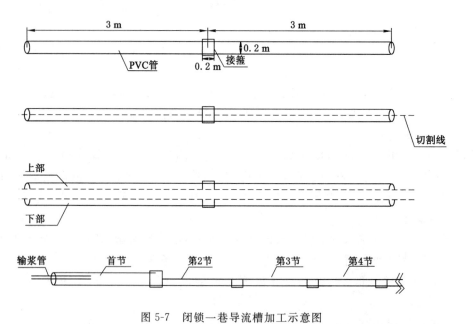

图 5-7 闭锁一巷导流槽加工示意图

面达到管路 1 出浆口位置时改用管路 2 充填,最后使用上部挡墙预埋管 3 将剩余空间充满。如图 5-8 和图 5-9 所示。

现场实际操作中,可根据闭锁二巷实际充填情况对闭锁一巷管路设计进行适当优化。

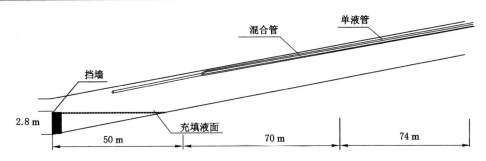

图 5-8　闭锁一巷充填第一阶段示意图(侧视图)

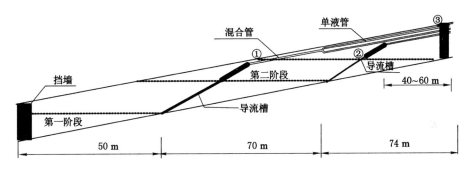

图 5-9　闭锁一巷充填第二阶段示意图(侧视图)

闭锁一巷采用分段不通风方式所需设备及配件如表 5-4 所示。

表 5-4　　　　　　　　闭锁一巷充填采用该方案所需设备及配件表

序号	名称	规格型号	数量	备注
1	蛇形管	$\phi 50$ mm	260 m	管路一 180 m 管路二 40 m 管路三 40 m
2	连接钢管	$\phi 50$ mm 钢管,1.5 m/根	3 根	一端焊接 $\phi 50$ mm 快接
3	高压胶管	$\phi 50$ mm	60 m	2 根,30 m/根
4	快速接头	$\phi 50$ mm	4 个	
5	U 形卡	$\phi 50$ mm	8 个	
6	"Y"形三通	$\phi 50$ mm	4 个	原有 1 个,新增 3 个
7	高压球阀	$\phi 50$ mm	3 个	循环使用二巷使用的
8	PVC 管	$\phi 200$ mm	39 m	全断面 2 节,每节 3 m; 半圆断面 22 节,每节 3 m
9	铁丝	管路吊挂	若干	

5.4.2　方案二:分段通风方式

闭锁一巷两端有 6.6 m 的高差,且巷道下部角度明显大于上部,根据充填液面 1 m 高差并结合巷道高度分段,共计分为 8 个阶段,如表 5-5 和图 5-10 所示,最短阶段长度 9.4 m,最长阶段长度 48.8 m,共需打设挡墙 9 个。

表 5-5 闭锁一巷阶段划分

序号	1	2	3	4	5	6	7	8
长度/m	12.7	18.6	14.4	9.4	14.4	25.6	48.8	48.8

注:前期挡墙初步按照 2.8 m 计算,此时每阶段的下部位置处充填体高度 2.8 m,上部位置处充填体高度 1.8 m,施工时可根据实际巷高确定挡墙高度,根据实际高度控制上部液面高度,确保液面不超高,避免造成浆液越过挡墙。

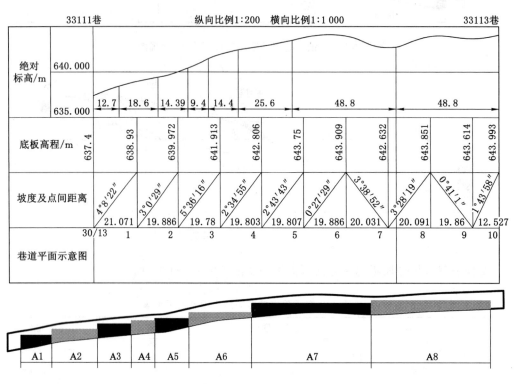

图 5-10　闭锁一巷阶段划分示意图(剖面图)

其充填顺序为:打设第一和第二道挡墙,充填第一阶段;打设第三道挡墙,充填第二阶段,以此类推;最后封闭两端挡墙通风断面,一次性完成全巷上部充填。

所有挡墙上部预留 0.5 m 通风断面,根据现场实际巷道高度确定挡墙高度,下部充填完成后,封闭两端挡墙通风断面,停止通风,一次性完成全巷上部充填。

两端挡墙施工参照闭锁二巷两端挡墙施工方式,中部挡墙有以下两种方式可供选择。

(1)堆垛法施工挡墙

除了下部和上部挡墙,中间挡墙建议采用堆垛法施工,可以回收充填材料包装袋,或者采购包装袋下井,充填材料包装袋规格较小,建议采购 50 kg 规格包装袋,包装袋内灌装煤粉或者灌注充填浆料,如采用灌注料浆法,最好在充填体完全固结前有一定的塑性时施工,可以确保袋间结合紧密。堆垛法施工挡墙技术要点如下:

① 收集充填材料包装袋,不能破坏性拆包,或者新购包装袋入井;

② 向包装袋内灌注充填材料,包装袋扎口,充填材料固结 1 h,还有一定塑性时开始堆垛;

③ 浆液混合管长度不少于 40 m,然后通过三通分流,一趟至挡墙施工附近,一趟至充填区域,边充填,边施工挡墙;

④ 充填袋规格约为 0.8 m×0.4 m×0.25 m,容积为 0.08 m³,单个固结体质量约为 96 kg;

⑤ 挡墙内侧铺风筒布或彩条布,两侧和底面铺设范围不少于 2 m,以防止浆液外流;

⑥ 堆垛挡墙宽度不少于 1 m,必要时多层加强,包装袋交错布置;

⑦ 每米高度约需充填袋 75 个。

(2)现场成型法施工挡墙

事先制作模板,在井下通过灌注充填材料,固结成型后,可直接利用充填固结块堆砌形成挡墙,主要技术要点如下:

① 在地面制作模型,可以采用木板钉成箱式结构,注意木板之间的缝隙,尽量贴合紧密,防治漏浆;

② 模型规格为 0.5 m×0.3 m×0.25 m,容积为 0.037 5 m³,单个固结体质量约为 42 kg;

③ 浆液混合管长度不小于 40 m,然后通过三通分流,一趟至挡墙施工附近,一趟至充填区域,边充填,边施工挡墙;

④ 堆垛挡墙宽度不小于 1 m;

⑤ 每米高度约需充填块 150 个。

除了下部和上部挡墙,中间挡墙建议采用堆垛法施工,可以回收充填材料包装袋,或者采购包装袋下井,充填材料包装袋规格较小,建议采购 50 kg 规格包装袋,包装袋内灌装煤粉或者灌注充填浆料,如采用灌注料浆法,最好在充填体完全固结前有一定的塑性时施工,可以确保袋间结合紧密。堆垛法施工挡墙技术要点如下:

① 收集充填材料包装袋,不能破坏性拆包,或者新购包装袋入井;

② 向包装袋内灌注充填材料,包装袋扎口,充填材料固结 1 h,还有一定塑性时开始堆垛;

③ 浆液混合管长度不小于 40 m,然后通过三通分流,一趟至挡墙施工附近,一趟至充填区域,边充填,边施工挡墙;

④ 充填袋规格约为 0.8 m×0.4 m×0.25 m,容积为 0.08 m³,单个固结体质量约为 96 kg;

⑤ 挡墙内侧铺风筒布或彩条布,两侧和底面铺设范围不小于 2 m,以防止浆液外流;

⑥ 堆垛挡墙宽度不小于 1 m,必要时多层加强,包装袋交错布置;

⑦ 每米高度约需充填袋 75 个。

闭锁一巷充填方案对比分析如表 5-6 所示。

表 5-6　　　　　　　　　　　　闭锁一巷充填方案对比分析

序号	方案一分段不通风	方案二分段通风
优点	1. 后期无须通风,工序简单 2. 辅助工作量较小,可实现连续充填 3. 只需两道挡墙,劳动强度小,综合成本低	1. 直观监测整个充填过程 2. 输浆管路可全部回收
缺点	1. 存在堵管风险,因此预埋输浆管路多,输浆管消耗数量较大 2. 充填空间是否充满不能直观监测	1. 挡墙数量较方案一多出 7 个,工程量大,工序繁多,难以实现连续充填,工期较长 2. 由于工序繁多,劳动强度大,人员需求数量较多 3. 由于不能连续充填,冲洗管路排水量较大,水仓清淤工作量大,材料浪费较多

综合以上优缺点,建议采用方案一分段不通风方式充填闭锁一巷,该方案工艺简单,工序较少,劳动强度低,施工速度快,综合成本低;其存在的堵管缺陷可以通过加强管理使得发生概率极低,而且通过第一阶段的充填能够根据浆液的各项参数及时调整方案,充填空间充填不满的现象可以避免。

5.5 充填空间辅助加固措施

充填巷道底板铺设铁丝网,铁丝网全部连接为一个整体,搭接长度不少于 20 cm,且底板铁丝网与两帮铁丝网也进行连接,局部底板煤厚不足 2.7 m 的部分,铁丝网悬空布置,确保采高充足。

道轨长度 6 m,巷宽 4.2 m,道轨斜交于巷道方向,位于铁丝网下方,间距 10 m(中对中),距离巷道底板 0.8~1 m,考虑到综放工作面生产的实际情况,两巷沿煤层顶板掘进,机头机尾各有 8 个支架沿顶(12 m),及 10 个过渡支架(15 m),悬吊槽钢及铺设铁丝网范围 140 m(巷道总长 194 m,两端各空余 27 m)。如图 5-11 和图 5-12 所示。

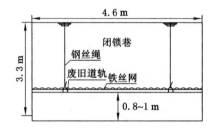

图 5-11 闭锁巷充填辅助加固措施示意图(正视图)

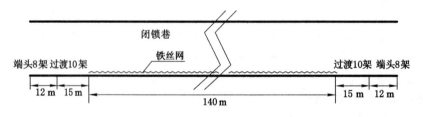

图 5-12 闭锁巷充填辅助加固措施示意图(侧视图)

5.6 施工组织与管理

5.6.1 材料运输

考虑到材料运输问题,泵站选址暂定在 33111 巷 16# 横川口,充填闭锁一巷时可提前准备材料,材料有序码放在闭锁二巷巷口;充填闭锁二巷时,材料可码放在 15# 横川口。

根据矿方材料极限运输能力 40 t/d,日均消耗材料 80 t 计算,材料储备应超前充填施工 23 d 进行,充填开始时泵站材料储备 920 t 左右,方能按照计划工期满足材料运输需求。

5.6.2 管路冲洗及排水

(1)由于施工不能连续进行,存在冲洗管路废水排放问题,初步计算每次排放废水约

1.6 m^3。

（2）若充填泵发生故障，或发生停电事故，需将充填管路自泵站断开，管路内浆液靠重力作用回流到泵站位置。

（3）保证充填连续施工，能够减少管路和设备冲洗废水排放量；若因实际需要或突发状况需要中途终止施工，中断时间不超过 2 h 的，打开泵站输浆管，管内浆液因落差回流至排水沟即可，若中断时间超过 4 h，需要将设备和管路用清水冲洗。

（4）管路冲洗和搅拌桶冲洗可分开进行，充填停止后，打开下部输浆管，排出管内余浆之后重新连接，打水冲洗管路；管路冲洗完成，管内残余清水可用于冲洗搅拌桶，进行重复利用，最大程度节约用水，减少排水量。

（5）根据矿方安排，充填站附近有一低洼处，作为废水、洗管水排放点。

5.6.3　防堵管措施

（1）本次充填利用的是联邦充填支护 1 号，该材料为双液材料，单液存放时间可以达到 4 h 以上，双液混合后失流时间大于 15 min，在水灰比 3∶1 情况下，堵管概率发生极低；

（2）停泵时间过长，管路中单液可能存在沉淀泌水，阻力增大，重新开泵时压力较大，但堵管概率很低；

（3）输浆线路为自低向高，意外停泵可打开下部管路，浆液回流至泵坑，避免堵管现象发生；

（4）所有管路吊挂平直，不能出现弯曲，避免管路中弯曲段有余浆，长时间存放造成堵管。

5.6.4　人员组织及施工管理

（1）人员组织

人员组织见表 5-7。

表 5-7　　　　　　　　　　　　　　劳动组织表

序号	工种	出勤人数	工作内容
1	充填工	1	负责充填现场的巡查与管理
2	开泵工	1	控制注浆泵开停、压力大小调节
3	下料工	4	下料
4	搬运工	6	搬运材料
5	班长	1	现场施工管理
合计		13	

（2）施工管理

① 充填施工单位应提前准备好注浆材料，按要求摆放在规定地点。

② 把泵及附件（包括注浆用高压软管、工具、注浆管、U 形卡、连接注浆管用的接头等）、注浆材料等运至施工地点。

③ 充填前将设备与阀门、高压管路连接牢固好，用清水冲洗泵体及管路，检查设备是否运转正常。

④ 确保设备运转正常后,现场采用浆液搅拌桶搅拌配制,按照设计水灰比将清水加入拌料桶内,再加入联邦加固注浆材料,混合搅拌均匀。

⑤ 当浆液混合均匀后,可以开始充填。按从小到大的顺序缓慢打开泵压力阀门进行充填。

⑥ 在充填过程中,必须注意观察泵及巷道四周状况,发现有漏浆现象及时停泵封堵。

⑦ 充填结束后,对现场进行清理,注意清洗注浆泵、输浆管、料桶、搅拌桶与截止阀等设备。

(3) 泵站注意事项

① A 料和 B 料是否有装混的现象,是否出现结块。

② 充填开始前需开机试运转,确保设备正常运转后方可开始充填。

③ 开机前对设备进行检查,密封圈等配件是否磨损严重,确保本班设备不出故障。

④ 搅拌时应先加水后加料。

⑤ 搅拌桶切换时,应保证吸浆笼头不漏出液面,切换时阀门应"先开后关"。

⑥ 每日充填前,应先用清水检验充填系统是否运转正常。

⑦ 看泵工应按规定调压,压力不可过大,蛇形管耐压能力有限。

⑧ 充填开始前,备足材料,确保中途不停泵。

⑨ 每日充填结束后,仔细清理设备和管路。

(4) 常见问题处理

① 一种或两种浆液均完全不吸浆

若一种或两种浆液均完全不吸浆,应先泄压,然后检查泵站及机头充填点阀门是否全部打开,管路是否有弯折,若检查没有问题,可适当增加泵压,若增大泵压仍不吸浆,应逐段拆除管路检查是否堵塞,并用清水检查注浆泵是否正常工作。

② 一种浆液吸浆正常,另一种吸浆较慢

若一种浆液吸浆正常,另外一种吸浆慢,应先检查吸浆慢的一种浆液吸浆及出浆管路阀门是否完全打开,吸浆管是否弯折、漏气,充填泵推杆是否顶到位,充填泵密封圈密封性能是否完好,出浆管路是否积聚残渣过多造成管径变小。

③ 充填过程挡墙四周漏浆

若挡墙施工质量存在问题,导致四周有漏浆现象发生,应及时进行封堵并通知泵站调节泵压,降低流量,甚至短时间停泵。

④ 输浆管路破损

在充填过程中,若输浆管路破损,尤其是蛇形管炸管,应及时通知泵站停泵并快速更换。

需特别指出的是,在空巷充填设计过程中,集团公司及矿方组织了多次方案对比、论证及讨论工作,但由于时间紧张,空巷充填设计方案中存在两点问题:

① 未采用"半巷充填"方式。方案设计过程中,经过方案对比分析及多次专家论证,考虑到虽然"半巷充填"方式有利于充填施工过程中的巷道通风及效果检查工作,但是该方式需在巷道中布置多道挡墙,方案施工工序多、工艺复杂,且工期紧张,因此未使用"半巷充填"方式,建议在今后的空巷充填工程中应用该方式。

② 上料过程中材料运输量大。由于现场工作面推进速度快,方案设计时间紧张,虽对方案中涉及的布管方式、系统配套等工作进行了多次论证和讨论,但缺乏更为深入的完善和

改进,造成上料过程中的材料运输问题仍然靠人工解决,导致材料运输工程量大、人工劳动强度较大,建议在今后的空巷充填工程中对系统配套进行深入研究和改进。

5.7 设备改进及研发

5.7.1 高速搅拌机研发

现场施工过程中采用的充填材料为无机材料,呈粉末状,因此施工之前需加水搅拌,在以往的充填工程中,使用煤矿用搅拌桶进行浆料的搅拌,但在使用过程中明显存在两个问题:

(1)浆液搅拌速度慢,而液压注浆泵功率大、流量大,注浆速度快,浆液搅拌速度明显跟不上出浆速度,延误注浆进度;

(2)无机材料细度大,采用搅拌桶时搅拌速度慢,浆液混合不均匀,易在浆液中产生大量的粉料团聚颗粒,影响注浆效果,甚至对注浆设备造成损坏。

因此,鉴于以上问题,计划在项目开发过程中,设计研发高速搅拌机,搅拌机采用涡流式搅拌制浆,速度快、效率高、劳动强度小,浆液制备均匀,能够避免浆液中出现颗粒状材料,更大程度地保证现场注浆效果。自主研发的涡流制浆机结构简图如图 5-13 所示,外观设计如图 5-14 所示。

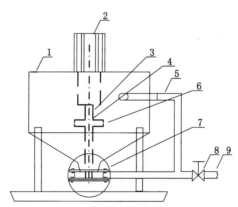

图 5-13　自主研发的涡流制浆机结构简图

1——搅拌桶;2——防爆电机;3——立轴;4——定位螺母;
5——喷射管;6——搅拌轮盘;7——搅拌叶轮;8——切换手柄;9——出浆口

该涡流式制浆机采用高速强力涡流双力循环,多次剪切同时撕裂粉碎固体团体流体高分散混合而制浆,并具有泵送能力,与一般制浆机、叶片搅拌机相比,具有制浆速度更快,浆液搅拌更均匀等特点。

涡流式制浆机主要包括搅拌桶、防爆电机、立轴、搅拌轮盘、搅拌叶轮、喷射管切换手柄、出浆管等。

搅拌桶:料浆混合容器;

防爆电机:制浆机动力装置;

立轴:动力传输装置;

图 5-14　高速搅拌机外观设计图

搅拌轮盘:第一搅拌装置;

搅拌叶轮:第二搅拌装置;

喷射管:第三搅拌装置;

切换手柄:料浆输送管路切换装置;

出浆管:成浆输送管道。

其工作原理是:该机由立式电机驱动,采用胶带传动于悬臂支撑的高速搅拌轴上,搅拌叶采用高速轴流型叶片。叶片呈锯齿状,剪切力大,可产生不规则的强力涡流,同时能撕裂粉碎固体团体流体进行高分散混合,高速旋转的流体经固定叶片再次强力剪切并向和搅拌叶片同轴的循环输送泵强制送浆,由输送泵快速将桶内的浆液循环均匀,制浆速度快,需时不到 1 min。不仅制浆速度快,而且配置的浆液均匀充分,没有成团结块及鱼眼效应,特别适合制高浓度的浆液。

高速搅拌机主要技术参数见表 5-8。

表 5-8　　　　　　　　　　　　高速搅拌机主要技术参数

外形尺寸/mm	整机质量/kg	容量/L	水灰比	制浆时间/min	额定功率/kW
900×900×1 580	260	300	0.28:1	≤5	5.5

5.7.2　定容水箱研发

充填材料使用时水灰比配比精度要求较高。水灰比低时,浆液稠度增大,搅拌分散效果差,甚至造成料浆直接固结,搅拌机不能使用;水灰比高时,浆液的硬化时间变长,浆液固结体强度下降,充填效果差。目前搅拌机加水一般采用人工手动控制的方法进行,水量由工人目测调整控制,存在较大偏差,这就造成了浆液水灰比配比不准确,严重影响充填工程施工效果。同时,常规制浆方法采用加水—搅拌—注浆—再加水的循环制浆工序。由于搅拌机供水管路较细,而注浆作业速度较快,经常出现注浆泵停泵等待加水和搅拌制浆,严重影响注浆进度和施工质量。

针对充填材料制浆时供水过程中存在的这些问题,项目组在制浆设备的选型中特别设计了定容水箱,以更精确地确定材料搅拌过程中的水量。定容水箱主要结构包括:进水阀、高压胶管、进水控制器、连杆、浮球、虹吸软管、放水口阀门和水箱箱体。可以实现定量供水、快速供水、提前存水和加水过程自动控制。自主研发的定容水箱结构简图如图 5-15 所示，外观设计如图 5-16 所示。

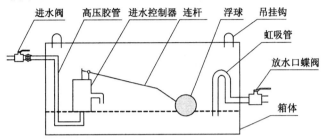

图 5-15　自主研发的定容水箱结构简图

图 5-16　定容水箱外观图

定容水箱工作时，井下的高压水水管通过快速接头连接到定容水箱的进水口，打开进水阀，水通过高压胶管进入进水控制器。在水压的作用下，打开进水控制器开关，水流入定容水箱箱体内，随着水液面上升，浮球上浮。浮球通过连杆连接进水控制器开关，浮球上升到设定高度（水箱设定水量，可以调整）时，通过杠杆作用，进水控制器开关闭合，水箱停止加水。此时打开放水口阀门，水箱内水流出到涡流制浆机内部开始制浆。随着箱体内水流出，浮球随液面下降到设定位置时（此时液面位置刚好使虹吸软管管口漏出，放水结束，关闭放水阀门），通过杠杆打开进水控制器开关，进行加水作业，如此循环作业，完成制浆供水。

通过控制进水控制器灵敏度，可以实现定量供水；通过调整虹吸软管管口高度，可以实现单次供水水量的调整；定容水箱储水到设定值之后会停止进水，放水完毕后可自动打开进水开关，进水、放水由浮球、连杆和进水控制器开关自动控制；放水口直径为 50 mm，解决了由于井下供水管太细（一般为 A10 管），供水速度慢的问题，实现了快速供水；利用放完水后浆液搅拌这段时间，定容水箱可提前蓄水，因此能够较好地解决供水时间紧张的问题。

定容水箱主要技术参数如表 5-9 所示。

表 5-9 **定容水箱主要技术参数**

外形尺寸/mm	整机质量/kg	容量/L	最大水压/MPa
1 200×350×750	85	200	5

5.8 工作面过充填空巷区域措施

5.8.1 主要技术措施

现场对闭锁一巷及闭锁二巷内部空间进行全部充填后,通过采取现场观察等相关措施考察发现,现场充填效果良好、充填体成型好、接顶完全,同时,为了保证工作面过空巷阶段的安全高效,制定了一系列工作面过空巷区域技术措施。

(1)磨机头机尾

距闭锁一巷 50 m 左右时,调整工作面溜子,使溜子适当滞后。当工作面机头推进至距闭锁一巷里帮 5 m 左右时,停止走机头开始由小角到大角磨机尾,调整机头机尾错差在 15 m 左右。待机尾支架到闭锁一二巷间煤柱中部时,逐步磨中间和机头,在所有支架全部进入闭锁一二巷间煤柱时,再次磨机尾,待支架前梁进入闭锁二巷外帮 5 m 左右时,停止走机尾,开始磨机头和中间,直至所有支架全部进入煤体内。

(2)调整采高

根据闭锁巷底板铺设的菱形网和轨道高度,调整采高,不得割菱形网及轨道。根据现场实际,为了确保采面高度,可适度割底矸(割矸厚度 200~1 000 mm)。断层线前后 20 架底板往下走割底矸,前后底板随平。

(3)调整放煤

现场工作面推进至距闭锁一巷里帮 5 m 时,停止放煤,推过闭锁二巷外帮时开始正常放煤。

(4)排查机电设备隐患

现场作业过程中,工作面推进至闭锁一巷之前,需要排查设备隐患,处理设备隐患,重点是确保支架、立柱、推移千斤顶等完好可靠。同时,应确保各部电机减速器完好,避免在工作面过充填空巷区域时出现设备故障问题而影响工程进度。

(5)注化学浆

工作面通过充填空巷区域之前,提前在闭锁一二巷间煤柱、闭锁一巷机头机尾三角区域打孔注化学浆,以提高煤岩体的整体稳定性。同时,在工作面过充填空巷区域期间,可以利用检修班的时间,在工作面顶板及煤壁破碎区域注化学浆,以起到对严重破碎区域的应急处理作用。

(6)加强超前支护

采取上述措施,做好相关工作的同时,还应该在充填空巷区域加强两巷的超前支护工作。具体超前支护方式为:33113 巷侧在闭锁一二巷口架铁棚 12 架,33111 巷侧闭锁一二巷口及前后架木棚 20 架(根据顶板情况,顶板平整不破处可以隔一排架一排)。闭锁一二巷口处可以架走向抬棚。超前支护内单体柱为一排四柱,1 巷超前支护不少于 40 排,3 巷超前支护不少于 30 排。

5.8.2　现场危险源辨识

（1）瓦斯异常造成瓦斯事故。

（2）顶板垮落造成工作面大面积冒顶事故。

（3）采空区内顶板未能正常垮落造成瓦斯积聚而引发瓦斯事故。

（4）抬扛物料时，人员配合不当，造成人身事故。

（5）打柱、回柱、架棚作业无人配合造成事故。

（6）回柱时未提前找好退路，发生险情顶板漏矸、顶板垮落等时不知如何撤退造成事故。

（7）未扎紧袖口，不慎被铁器刮伤。

（8）抬运板梁、单体柱未看清道路绊倒伤人。

（9）机组割出锚杆等铁器、51# 高压液管、蛇形管等管路时，铁器及管路甩出伤人。

（10）进入溜子、煤帮作业，未严格执行停电闭锁挂牌制度，误操作机电设备伤人。

（11）顶板破碎漏矸、炭砸伤人员，煤帮片帮伤人。

（12）大面积顶板垮落造成压死支架，砸伤人员事故。

（13）机组割充填体时，甩出的注浆料溅入人眼，造成人员伤害。

（14）回采过程中通过闭锁一二巷充填体时，充填体垮落砸伤人员。

（15）溜子前后窜后影响出煤及安全出口。

5.8.3　主要安全措施

（1）作业前必须检查瓦斯及氧气浓度，当瓦斯浓度小于 0.8% 且氧气浓度不低于 20% 时方可作业。

（2）工作面在推进过程中，加强顶板控制，预防顶板冒落。同时准备足够的材料备用。

（3）顶板破碎区段及时追机拉架，能拉超前架的拉超前拉架。工作面拉架时采用带压移架方式，尽量减少顶板的反复支撑，保证顶板的完整性。在顶板不好的区段，机组割过底刀后，具备拉架条件的必须拉过架后再割煤，尽量减少顶板的暴露时间。

（4）拉架严格执行"少降快拉"带压拉架的原则，且必须将支架升紧升平，保证支架的初撑力达到要求。

（5）对于顶板比较破碎的区段，要及时穿板梁或工字钢梁加强支护，避免顶板进一步恶化。

（6）回采期间，要控制好爬坡段坡度和顶底板，不得出现急坡和顶底板台阶。

（7）通过闭锁一巷前提前 5 m 左右停止放煤，待所有支架全部通过闭锁二巷后再开始放煤

（8）回采过程中，夜班下班时尽可能将机组停放在顶板良好区域。

（9）检修班必须每天对工作面支架进行认真检修，保证工作面支架不出现串漏液，各类千斤顶能够正常工作。

（10）在生产过程中，发现隐患时要及时进行处理，防止施工过程中出现顶板、瓦斯事故。出现顶板、瓦斯、风流等异常时，及时汇报调度室、值班室及相关业务科室。

（11）架棚时，注意人员站位，必要时可以使用板梁和四寸管搭临时架。

（12）机组割煤时，任何人员不得在机组前后5个架架前作业。

（13）机组割出铁器或液管时，及时闭锁停机，将铁器和液管拣出，防止铁器上胶带划伤胶带。

（14）机组割充填体时，机组附近人员必须佩戴眼镜，防止注浆料进入人眼睛，造成人身伤害。

（15）根据现场顶底板情况选择合理的采高，不得割顶网及轨道。

（16）进入煤帮作业前，必须闭锁工作面溜子，有效闭锁键不少于两个，上锁或设专人看护，前溜开关打到零位、挂牌，并设专人看护。进入煤帮作业时，首先进行敲帮问顶，找掉活矸活炭，并设专人观山、专人看护作业地点前后5架支架手把，确认安全后方可进行作业；构顶范围前后5架，任何人不准随意操作支架。

（17）支架不接顶时，支架必须升平，与相邻架高度保持一致。使用单体柱辅助顶溜拉架时必须严格执行远程送液。

（18）抬扛物料时，人员必须同肩，口令一致，步调一致，确保安全，放重物时，必须缓缓放下，严禁两人同时喊口令扔下，以防重物反弹伤人。

（19）进行单体柱回柱、支设时，首先要对作业现场的顶、帮及周围环境进行检查，敲帮问顶，排查隐患，找好退路，确保作业环境的安全方可进行作业，严禁单人操作单体柱，打柱、回柱作业严格执行相关规定。

（20）两巷超前支护内单体柱要打在实底上，四爪接顶严密，无泄液、漏液支柱。

（21）支架后方采空区内如出现顶板不垮落时，可以采用升降支架、升降支架尾梁等方式辅助放顶。

（22）闭锁一二巷机头机尾三角区、闭锁一二巷中间煤柱、回采过程中顶板破碎区域，可根据现场顶板、煤帮情况进行注化学浆，注浆严格执行《3311面注浆安全技术措施》。

（23）工作面溜子出现前后窜时，及时调整溜子，确保不影响工作面正常回采

（24）所有参与本项工程施工人员必须在认真学习本措施后方可上岗作业。

（25）其他仍执行《3311综放工作面回采作业规程》及其他相关规定。

6 冒落空巷注浆加固技术

3616 工作面上分层旧采废巷冒落区内主要是冒落的顶煤和直接顶,岩体结构为散体结构或碎裂结构,该类岩体结构松散,胶结程度差,残余碎胀系数和孔隙率大。废巷被冒落的煤岩体充满,无法大规模集中充填治理,必须满足一定的压力,才能使浆液在冒落区中扩散,注浆量较少。冒落区注浆的难点在于:打钻成孔难度大,顺槽已经掘出,穿过空巷区域,注浆过程中漏浆严重,提出了循环钻进注浆分次成孔注浆工艺,以期达到良好的治理效果[63]。

6.1 空巷注浆加固系统

充填法治理空巷有一定的局限性,主要适用于充填量相对较大,对注浆设施的压力要求不高、以充填灌注为主、充填区域较为集中的空巷,但冒落空巷顶部区域未形成连续且较大范围的冒落拱,局部煤矸填满充实,充填空间连续性差,煤柱裂隙贯通程度不一,充填量不大,充填法治理空巷不具有技术经济优势,只能采用对围岩适应性强的高压深孔注浆加固技术,该技术是完整空巷充填支柱法和充填法的有益补充,与完整空巷充填支柱法和充填法相互结合,可以有效解决厚煤层空巷治理问题。

冒落空巷注浆系统及工艺与沿顶完整空巷充填系统类似,但不完全一样,主要区别在于注浆加固冒落空巷材料消耗量少且不集中,对注浆加固系统的制浆能力和输送能力要求不高,只需要给注浆 A 料、B 料分别配备 1 个搅拌桶和 1 个盛浆桶,匹配与制浆能力相实用的双液注浆泵即可,如图 6-1 所示。

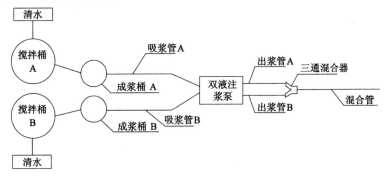

图 6-1 注浆示意图

注浆泵选用镇江长城注浆设备有限公司生产的 ZBYSB320/10—37 型双液注浆泵,该泵为卧式双作用往复式活塞泵,可以无级调节排浆量和排浆压力,能够按照预定的注浆终压自动调节排浆量。该泵双缸独立,两个吸排口能够同时吸浆、出浆,使浆液按照 1∶1 混合。注浆泵工作压力在 0～10 MPa 可调,双液流量采用 GLW 型管道流量传感器控制,

ZBYSB320/10—37 型双液注浆泵主要参数见表 6-1,外观见图 6-2。

表 6-1   **ZBYSB320/10—37 型双液注浆泵主要参数表**

序号	项目	数值
1	额定流量/(L/min)	320
2	额定压力/MPa	10
3	电机功率/kW	37
4	使用电压/V	660 V/1 140
5	油箱容积/L	300
6	外形尺寸(长×宽×高)/m	2.3×1.35×1.5
7	主机质量/kg	1 200
8	可调浆比	1:1～1:0.5

制浆设备选用 JB1000 型搅拌机,主要参数见表 6-2,外观见图 6-3。

表 6-2   **JB1000 型搅拌机主要参数表**

序号	项目	数值
1	搅拌桶容量/L	1 000
2	电机功率/kW	4
3	使用电压/V	660/1 140
4	外形尺寸(长×宽×高)/m	1.3×1.0×1.7
5	质量/kg	480

图 6-2   ZBYSB320/10—37 型双液注浆泵外观图

图 6-3   JB1000 型搅拌机外观图

6.2   注浆钻孔的布置方案及参数

依据残采区域影响 3616 工作面的范围,对残采区域注浆加固时,注浆钻孔的布置方式主要有两种形式:钻场式布置和单孔平行布置。

（1）注浆孔钻场布置：根据冒落区分布区域，设计6个钻场对冒落区进行注浆加固。钻场布置具有集中化，不必频繁移动钻机、电气设备、注浆泵等笨重设施的优点，单个钻场注浆需要覆盖一定范围的冒落区域，每个钻场布置2~4个钻孔。钻孔角度与巷道中心线夹角在15°~110°之间。钻场布置方式如图6-4所示。

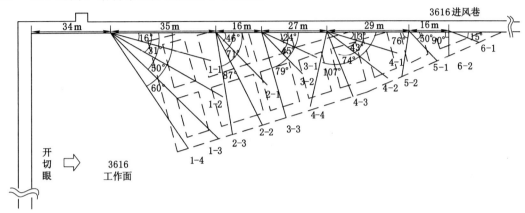

图6-4　注浆孔钻场布置示意图

（2）注浆孔单孔平行布置：冒落煤岩体的加固能够有效减少回采过程中片帮、冒顶的发生，加固后的煤岩体能够有效支撑顶板，确保工作面安全推过冒落区，钻孔的角度太大，钻孔过早进入顶板，浆液无法加固深部的煤体，钻孔的仰角控制在2°~3°。注浆孔单孔平行布置方式如图6-5所示。

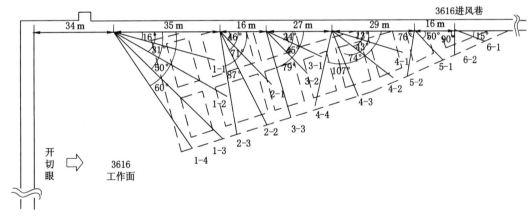

图6-5　注浆孔单孔平行布置示意图

现场施工中发现，由于巷道掘进时揭露大量的冒落破碎煤岩体，注浆孔采用钻场布置，钻孔角度小于30°时，注浆孔与巷帮的垂直距离过小，残采区域冒落煤岩体空隙较大，冒落空巷间煤体破碎，注浆时出现严重的漏浆现象，有效注浆量较小，且钻孔孔底间距大于14 m，由浆液的偏流效应可知，浆液可能沿某一大裂隙扩散，钻孔径向范围冒落破碎的煤岩体不能得到有效的加固。

注浆钻孔单孔平行布置时，可以较好地控制钻孔的角度，能对冒落区全覆盖注浆，注浆孔能够有效加固冒落的破碎的煤岩体，钻孔间距不大于10 m。因此，采用单孔平行布置方式更为合理。在复采巷道架设中柱等不方便布设钻机的区域,适当调整钻孔的间距。

单孔平行布置钻孔共计布置 17 个钻孔,钻孔间排距在 6~9 m,为了能够有效地加固冒落的煤岩体及其间的煤柱,钻孔的角度不宜太大,以防止钻孔进入顶板,不能够有效地加固空巷间破碎的煤体。为便于排渣,钻孔的仰角控制在 2°~3°。钻孔开口直径 133 mm,正常钻进时采用 ϕ75 mm 的钻头,钻孔与巷道中心线的夹角在 45°,在距开切眼 68~80 m、135~157 m 处棚梁架设中柱加强支护的区域,不能够正常布置钻孔时,适当调整钻孔的角度。钻孔穿越冒落区域时,在一些破碎的区域经常出现钻进困难的情况,出现排渣困难、卡钻、掉钻直至扭断钻杆的现象。为此采取了"分次成孔"的技术,即在钻进过程中,遇到废巷冒落区破碎、严重出现排渣困难、卡钻的异常现象时,立即退钻,连接注浆设备,应用新型无机注浆材料进行注浆,固结钻孔周围松散破碎的煤岩体。注浆半小时后待浆液凝固后,即可再次开钻套孔,如此循环,直至打至设计的深度。表 6-3 为注浆钻孔参数。

表 6-3　　　　　　　　　　　　　　　注浆钻孔参数

钻孔编号	钻孔距顶距离/m	开孔位置距切眼距离/m	与巷道中心线夹角/(°)	孔深/m
1		30	55	50
2		32.6	45	51
3		36.3	55	50
4		37.7	34	55
5		52.7	45	50
6		61.0	45	45
7		67.5	45	40
8		81.5	45	38
9	1.5	90	45	35
10		97.9	45	35
11		106	45	35
12		114.5	45	31
13		122.9	62	19
14		132.8	62	16
15		133.8	40	16
16		161.6	129	10
17		162.9	36	13

在首轮注浆完成后,为检验注浆效果,设置 6 个检验钻孔。检验钻孔与巷道中线的倾斜方向与设计钻孔相反,以扩大对原钻孔注浆情况的检验范围。若检验钻孔在钻进过程中仍出现排渣及推进困难、卡钻、掉钻等异常情况时,利用检验钻孔对残采区域进一步补注浆。检验钻孔的开孔高度距底板 1.5 m,孔径均为 75 mm。检验钻孔的布置如图 6-6 所示。检验钻孔布置参数如表 6-4 所示。

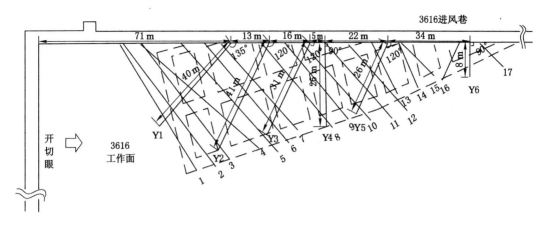

图 6-6　检验钻孔布置示意图

表 6-4　　　　　　　　　　　　检验钻孔布置参数

检验孔编号	开孔位置距切眼距离/m	与巷道中心线夹角/(°)	孔深/m	备注
Y1	71	135	40	
Y2	84	120	41	
Y3	100	120	31	
Y4	105	90	26	
Y5	127	120	26	
Y6	161	90	8	

6.3　冒落区分次成孔工艺

针对 3616 工作面冒落空巷的情况，注浆加固技术的突出难点是破碎区的成孔与漏浆问题，即钻孔要穿越冒落矸石区域，在一些破碎及空虚严重段会出现钻进困难的情况，可能会遇到排渣困难、卡钻、掉钻甚至扭断钻杆的现象，此外还可能会出现因破碎区塌孔引发的成孔难问题；其次，由于新掘回采巷道时大范围揭露了这些废巷，冒落矸石带与巷道空间相连通，构成了漏浆通道。若不采取有效措施堵漏，直接注浆一方面可能会因浆液固化较慢出现浅部漏浆的问题，另一方面可能会因浆液固化较快引发封堵钻孔的情况，浆液较快固化也大大降低了浆液的扩散范围，导致深部破碎区域得不到有效加固[64]。

为克服钻孔施工困难的问题，钻孔施工时由压水排渣改为压风排渣，减少水压对破碎煤岩体的冲刷，在钻杆前端加装三棱钻杆，有效解决了卡钻、夹钻的问题，提高钻进速度。由原来的一次成孔改为分次成孔，在破碎区钻进遇到卡钻、钻进困难等现象时退钻，注浆后再次套孔钻进，有效地解决了塌孔、成孔困难的问题，成孔后，为防止松散煤岩体冒落造成塌孔，影响深部冒落区域的注浆效果，成孔后及时插管封孔。

6.3.1　注浆孔施工设备

冒落空巷注浆加固钻孔施工主要采用 ZDY1200S(MK—4)型煤矿用全液压坑道钻机，

该钻机适用于回转和冲击-回转钻进,主要用于地质勘探孔、瓦斯抽采孔、探放水孔、锚固支护等施工作业,其外观见图 6-7,主要技术参数见表 6-5。结构特点如下:

图 6-7　ZDY1200S(MK—4)型煤矿用全液压坑道钻机外观

表 6-5　　　　　ZDY1200S(MK—4)型煤矿用全液压坑道钻机技术参数表

项　　目		参　　数
回转装置	额定转矩/(N·m)	1 200～320
	额定转速/(r/min)	80～280
	油马达排量/(mL/r)	23～80
	钻杆直径/mm	42/50
	主轴通孔直径/mm	75
给进装置	主轴倾角	0～±90°
	最大给进力/kN	36
	最大起拔力/kN	52
	起拔速度/(m/s)	0～0.31
	给进/起拔行程/mm	650
泵站	液压系统额定压力/MPa	主油泵 21、副油泵 12
	主油泵排量/(mL/r)	0～40
	电动机型号	YBK2—180L—4
	电动机功率/kW	22
	油箱有效容积/L	85
整机	适用钻孔深度/m	300(ϕ42 钻杆)、200(ϕ50 钻杆)
	开孔直径/mm	110
	终孔直径/mm	75
	主机外形尺寸(长×宽×高)/mm	1 850×710×1 460
	钻机质量/kg	1 360

(1)采用全液压动力头结构,分主机、泵站、操纵台三大部分,解体性好,搬迁方便,摆布灵活;

(2)回转器为通孔结构,钻杆长度不受钻机结构尺寸的限制;

（3）机械拧卸钻具，卡盘、夹持器与油缸之间，回转器与夹持器之间可联动操作，自动化程度高，工作效率高，操作简便，工人劳动强度小；

（4）采用双泵系统，回转参数与给进参数独立调整，提高了钻机对各种不同钻进工艺的适应能力；

（5）用支撑油缸调整机身倾角，方便省力；

（6）操纵台集中操作，人员可远离孔口，有利于人身安全；

（7）液压系统保护装置完备，性能可靠；液压元件通用性强，便于维修。

6.3.2 冒落区域成孔工艺

根据冒落区分次成孔技术，按照下述顺序进行：

（1）根据设计注浆钻孔的布置，固定 ZDY1200S（MK—4）型液压钻机的位置，按照 2°～3°的仰角开孔。开孔采用 ϕ133 mm 合金钻头钻进至 5 m 左右，退钻杆。

（2）安装套筒。套筒分三节，每节套筒的长度为 1.5 m，直径 108 mm，套筒之间用丝口连接，套筒外端焊有高压法兰，法兰盖上焊接用于连接注浆管的快速接头管。

（3）安装套筒的同时制备双液注浆材料，利用 2ZBQ 型气动注浆泵进行一次注浆，加固孔口。注浆时压力不宜太大，以防将套筒从注浆孔压出，待浆液从孔壁溢出后，停止注浆。注浆套孔示意图如图 6-8 所示。

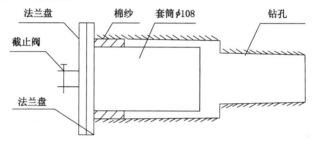

图 6-8 注浆套孔示意图

（4）更换钻头钻进。10～20 min 后待浆液硬化后，调换 ϕ75 mm 的钻头在套筒内钻进。

（5）在钻进过程中，出现排钻困难、卡钻等异常现象，在钻杆前端加装三棱钻杆，由压水排渣改为压风排渣。

（6）钻进至空巷冒落区时，因冒落的矸石破碎，出现卡钻、抱钻等异常现象，退钻并重新安装法兰盘，连接注浆管再次注浆，固结钻孔附近冒落区域松散破碎的煤岩体。一般注浆压力控制在 1 MPa 以内，注浆量不可过大，以防浆液固结体阻塞浆液扩散通道。待浆液硬化后，再次在套筒内钻进。

（7）如此反复重复注浆、打钻工序，直到钻孔深度达到设计值为止。

为防止浆液过快、过慢固结引发的堵孔、漏浆现象，及松散煤岩体冒落造成塌孔影响深部冒落区域的注浆效果，成孔后采用插管注浆的办法。

6.3.3 注浆孔封孔工艺

（1）封孔长度的确定

3616 工作面进风巷掘巷时，揭露了大量的旧采废巷，冒落矸石区与巷道相连通，构成了主要漏浆通道，导致浆液刚注入就从漏浆通道漏浆，无法注入深部破碎区域，注浆时没有达到终止注浆标准就停止注浆,从而不能达到较好的注浆加固效果。在浆液漏出巷道表面之前利用浆液的快速凝固特性对漏浆通道进行封堵,浆液在外出渗透的过程中,由于沿程阻力的作用,渗透压力逐渐降低,另外随着浆液本身的凝固,浆液本身也会产生黏结力,从而阻止浆液继续漏出。因而应采取措施减少浆液的漏出。

由于围岩裂隙都是相互贯通的,在注浆过程中产生跑浆、漏浆的现象是不可避免的,解决跑浆、漏浆问题的方法之一就是采用间歇式注浆方式,封堵漏浆通道。间歇式注浆会延长注浆时间,增加工期,造成劳动力的浪费,应采取适当的措施减少间歇式注浆的次数,提高劳动效率。根据现场施工经验,改变封孔长度能够延长浆液漏出经过的途径。

为确定理想的封孔长度,在 3616 工作面进风巷另一帮进行注浆试验,试验钻孔 20 m 深,分别选取五种封孔长度 2 m、4 m、6 m、8 m、10 m,每种封孔长度分别进行三组试验,每个注浆孔注浆至产生漏浆现象为止。注浆量统计如表 6-6,图 6-9 和图 6-10 所示。

表 6-6 注浆量统计

封孔长度/m		2	4	6	8	10
注浆量/t	1#	0.2	0.3	0.9	1.04	1.14
	2#	0.16	0.20	0.84	1.12	1.15
	3#	0.21	0.4	0.92	1.09	1.18
	平均	0.19	0.3	0.89	1.08	1.16

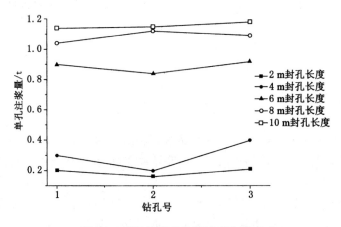

图 6-9 封孔长度对注浆量变化影响

注浆管在同样的封孔长度下,注浆到漏浆为止,注入浆液量相差不大;注浆管不同封孔长度下,漏浆前浆液注入量随封孔长度的增加而呈增加的趋势,当封孔长度增加到 10 m 时,随着封孔程度的增加,注浆浆液量变化不大。封孔长度增加,施工难度也相应增大,综合考虑封孔施工难度和漏浆前注浆量的情况,针对影响 3616 工作面回采的废巷冒落区域,注浆封孔的长度为 6~8 m。

(2)注浆孔封孔

注浆封孔对注浆效果影响较大,受冒落空巷的影响巷道间煤柱区域内是完全破碎区。破碎区和掘巷揭露的冒落带是漏浆的主要通道,根据试验确定的封孔长度在 6~8 m,对冒

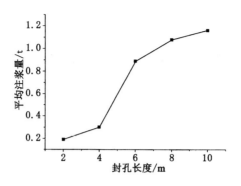

图 6-10 平均注浆量变化规律

落区进行打钻注浆时,钻孔的深度在 12～55 m 不等,钻孔深度大于 20 m 时,封孔长度在 6～8 m,钻孔深度在 10～20 m,根据注浆经验,封孔的深度在 4～6 m 进行适当的调整。

根据钻孔深度的不同,从距孔口 6～8 m 处至孔底插入每隔 200 mm 打对穿射浆孔的 DN20 型 PVC 管,钻孔口 6～8 m 范围内插入 6 分镀锌钢管,6 分钢管两端加工 20 mm 螺纹便于两根注浆管连接,PVC 管与钢管用连接件连接。每节镀锌钢管长 2.0 m,首尾两节钢管表面焊有铁丝,以利于缠绕棉纱并增加封孔后固结浆体与孔壁间的摩擦阻力,防止封孔时浆液进入钻孔堵塞射浆孔,影响注浆效果。孔口封孔前插入 3～4 m 的铝塑管(用于封孔注浆的导流管),6 分镀锌钢管旁插入铝塑管后用棉纱对钻孔进行彻底的封堵,防止封孔时浆液从钻孔口处流出。用制浆桶制备水灰比为 0.7∶1 的新型无机注浆材料,连接铝塑管进行封孔注浆,浆液从孔口流出时停止注浆,封孔完成。过 10～20 min 待封孔段的浆液硬化后,即可连接注浆管进行注浆。如图 6-11 所示。

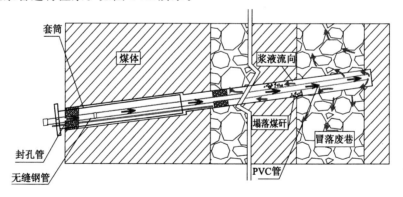

图 6-11 注浆孔封孔示意图

6.4 注浆施工工艺

(1) 泵站准备

每个注浆孔成孔注浆前,先连接管路,用清水调试设备和管路。

设备运转正常后,泵站准备制浆。1 人看泵、1 人观察,A、B 两个搅拌桶各 2 人下料,2 人运料。注浆时,先开搅拌机,加入一定水后再下料,下料完毕搅拌 3～5 min 以上至浆液搅拌均匀。泵站实景如图 6-12 所示。

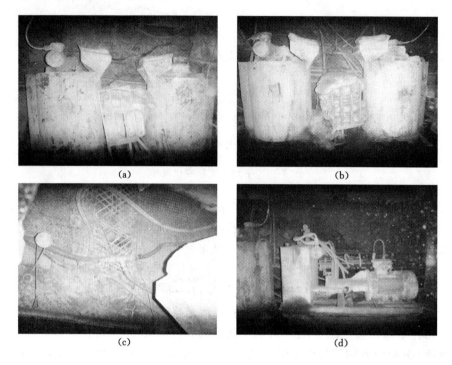

(a)　　　　　　　　　　　　　　(b)

(c)　　　　　　　　　　　　　　(d)

图 6-12　泵站实景

（2）连接注浆管路

注浆孔封孔完成后即可连接注浆管路，进行注浆加固。

（3）注浆流程

注浆管路连接完毕，开泵，打开卸压阀，将注浆管中的水排出，然后关闭泄压阀进行注浆。注浆初始压力应小些，控制在 1～2 MPa，如果不出现漏浆，可以适当增加注浆压力。注浆时根据钻孔的深度，在确保不漏浆的前提下可适当增大材料的水灰比，水灰比控制在 1.5：1～4.0：1，水灰比大有利于浆液的扩散，漏浆时降低浆液水灰比，使浆液失流、硬化时间缩短，起到封堵漏浆通道的目的。

注浆过程中，泵站看泵人员和观察人员应注意以下环节：

① 看泵人员应注意材料是否结块，搅拌桶中加入的材料类型（A、B）是否正确。

② 看泵人员应监督是否先加水，后加料，每桶加料量是否足量。

③ 看泵人员应注意注浆泵是否吸浆，A、B 浆液是否吸浆均匀。

④ 看泵人员应控制注浆压力，注浆压力先低后高。

⑤ 看泵人员应注意信号联络系统，根据注浆点信号控制注浆压力、暂停注浆泵、开启注浆泵等。

注浆过程中，注浆点观察人员应注意以下环节：

① 开挖小沟槽，为注浆完毕清洗设备管路做准备。

② 观察人员应注意观察巷帮漏浆情况，当出现小裂隙漏浆时，用沾有双液注浆材料混合浆液的棉纱封堵漏浆裂隙，封堵漏浆通道。

③ 观察人员发现有大裂隙漏浆时,应提示看泵人员暂停注浆泵,待漏浆通道封堵后,提示看泵人员开启注浆泵,漏浆通道未封堵时,提示看泵人员暂停注浆泵,再次封堵漏浆通道。如此反复,直至漏浆通道封堵住,继续正常注浆。

④ 观察人员应协助看泵人员在暂停注浆泵期间开启泄压阀排浆,防止注浆泵暂停期间浆液堵塞注浆泵及管路。

(4) 注浆顺序

按注浆钻孔布置先后顺序施工,原则上采取打一个注浆孔注一个注浆孔的方式,一方面已经注浆的钻孔可以对周边破碎区域加固,有利于下一个钻孔的成孔,另一方面可以避免钻孔间距较小发生浆液串孔的问题。

(5) 漏浆防治技术

3616 工作面进风巷揭露的废巷冒落的煤岩体比较破碎,废巷间的煤体裂隙发育,形成大量的漏浆通道,仅靠浆液凝结实现堵漏在短时间内难以实现。浆液从漏浆通道大量流失,降低了实际注浆量,造成注浆效果不佳。应采取一定的技术措施防止大量的漏浆,提高冒落区注浆效果。

① 棉纱封堵防漏浆技术

当遇到比较小的漏浆裂隙时,用沾有双液注浆材料混合浆液的棉纱封堵漏裂隙,从而封堵漏浆通道。

② 间歇式注浆防漏浆技术

当遇到大裂隙漏浆时,应暂停注浆泵,待裂隙封堵后,再开泵注浆,期间每 2 min 左右开启注浆泵,让泵的活塞往返运动几次,防止堵泵,如此反复,直到注入的浆液凝结后封堵漏浆裂隙为止,然后继续正常开泵注浆。

③ 止浆墙防漏浆技术

当冒落区域大面积漏浆时应采取主动的构筑止浆墙防漏的措施对漏浆通道进行封堵,提高注浆效果。构筑止浆墙能够很好地封堵漏浆通道,还能改善被动封堵造成的窝工现象,极大地提高注浆效率。待巷道贯通后,在冒落揭露带表面提前喷涂 80~100 mm 厚的止浆墙,待止浆墙上硬后进行注浆施工。

(6) 注浆停止标准

在注浆过程中,判断注浆孔注浆完成是非常重要的,如果提前结束注浆,达不到预期的注浆效果。理想情况下压至不吸浆液或注不进浆液,注浆量越大越好,在实际施工中难以做到。一般注浆结束的主要依据是达到设计压力和最终吸浆量。在正常情况下,每次注浆时,注浆压力由小逐渐增大,注浆量则由大到小;注浆后期,钻孔最终单位吸浆量应小于最小单位吸浆量。当注浆压力达到设计终压时,单孔吸浆量小于 30~60 L/min,稳定 20~30 min 即可结束注浆。在注浆过程中,个别注浆量特别大的孔段,可适当增加注浆时间及注浆压力,以满足特殊孔的要求。

(7) 管路清洗

待注浆完毕后,将管路引至小沟槽,冲水清洗设备管路,污水引至小水仓。清洗设备要求清理搅拌桶残余料渣,冲净桶壁和桶底,将搅拌桶下料口蝶阀打开,将残渣放出。清洗管路要求管口促出清水,并拆开三通混合器,将拐角处清理干净。

6.5　过空巷安全回采技术措施

工作面推至冒落区时,应做好超前探测工作,加强探测工作。探明工作面前方煤柱分布情况,探明工作面前方冒落区的走向、长度和宽度情况。探测到前方为空巷冒落区时,应继续探测清除空巷冒落区的矸石是否注浆胶结成整体,是否需要在工作面补注浆。

3616 工作面煤层条件复杂,残煤厚度不一,分布不均,采用旧式采煤方法开采后,旧采空区垮落的煤岩体,虽经过注浆加固,松散体有的固结情况好,有的差,总的来说顶板破碎,难以控制,为防止工作面回采期间发生冒顶,在局部区域应采取妥善的顶板控制措施,及时支护,防止工作面发生大面积冒顶。采取的具体措施如下:

(1) 提高支架初撑力

支架初撑力越大,工作面顶板维护越好,端面冒落高度将越小。

(2) 及时支护,缩短端面距

端面距对工作面顶板破碎程度有显著影响,随着工作面端面距的增大,其顶板破碎程度呈直线增加,工作面过冒落区域时,顶板本来就比较破碎,尽可能地缩小端面距,减少空顶的面积。

(3) 缩小控顶距

对综采工作面来说,控顶距越大,顶板下沉量越大,将恶化控顶区内顶板的状态,加剧顶板破碎程度;控顶距越大,直接顶悬顶越长,支架的额定工作阻力值也越大;控顶距越大,为维护顶板的受力平衡,控顶区中支架反力的合力距煤壁越远,使工作面无立柱空间支撑力减小,将改变顶板的受力与变形状态,这些都将使局部冒顶成为可能。因此,当工作面过冒落区域时,为了减缓矿压显现和防止靠煤壁附近发生局部冒顶事故,确保工作面安全生产,应尽量减小控顶距。

(4) 穿钢钎维护松散冒落状态的顶板

在工作面煤壁松散区域的支架顶梁与煤壁的交接处用 ZQSJ—90 型手持式风动钻机打钻,钻孔垂直工作面煤壁上仰 10°～15° 布置,钻孔深不小于 4.5 m,直径为 42 mm,每架支架前方打 2 个钻孔,钻孔间距为 0.75 m,拔出钻杆后,及时将钢钎插入以控制顶板破碎的煤岩块,必要时加挂铁丝顶网。插入钢钎后,支架略降(或收回支架伸缩梁)挑住钢钎,再前移支架(或伸出伸缩梁),托住钢钎后升起支架至 3 m 采高要求。钢钎采用 $\phi28$ mm 的圆钢,长度为 5.0 m,钢钎穿入煤壁后的外长度以支架前移后顶梁托举 10～20 cm 为宜,同时在顶梁与钢钎之间垫设 10 cm 木板,以确保支架前移时顶梁与伸缩顶梁的错节不致于顶住钢钎尾部将钢钎顶弯。每个支架上穿设两根钢钎。每穿插一次钢钎,工作面可以推进 5～6 刀,即保持钢钎留设在煤壁内的部分不小于一刀的进度,然后重新穿设钢钎,如此循序渐进。穿设钢钎的措施可取得良好的防止支架顶梁前端冒落的效果。在机组割煤后,穿插的钢钎基本可以挡住顶板煤矸的冒落,有效地控制了工作面破碎煤帮的稳定性。

(5) 降低采高

采煤机截割冒落的矸石后,为了防止工作面煤壁上方破碎的松散体冒落,确保刮板输送机的平直,对胶结后冒落矸石的截割高度进行调整。采煤机在此地段运行时,适当降低采高,配合穿插钢钎措施的实施,减少了端面松散体的冒落,取得了良好的支护效果,节约了工作面的维护时间,提高了推进速度。

　　同时,加强设备检修,工作面通过冒落区时,确保工作面设备始终处于正常工作状态,以便快速通过冒落区;过冒落区时,应加强通风和瓦斯检测,防止废巷内有毒、有害气体涌入工作面。

7　厚煤层综采工作面空巷综合治理工业性试验

选取了晋煤集团寺河煤矿 5301 工作面、成庄煤矿 3311 工作面和海天煤业有限公司 3616 工作面作为现场工业性试验点，开展了厚煤层综采工作面空巷综合治理工业性试验，分别采用了大断面沿底空巷充填支柱支撑法、沿顶空巷充填法和冒落空巷注浆加固法，并开展了相应的矿压监测工作，结合实际应用效果，对厚煤层综采工作面空巷综合治理技术进行综合评价。

7.1　大断面沿底空巷充填支柱支撑法应用效果评价

为了进一步研究和了解充填支柱支护空巷的工业性试验效果，以便更好地对充填支柱对大采高工作面空巷的支护效果分析，项目安排了以下几项现场检测和数据统计工作：

（1）在不同位置对不同支柱顶部安装了矿压监测仪器，以监控在工作面割煤机逐步推进过来时顶板的来压情况。

（2）观测记录工作面逐步接近到通过空巷时，空巷顶底板和两帮煤壁位移变化情况。

（3）记录统计工作面逐步接近到通过空巷时工作面支架工作阻力变化情况。

（4）观测记录每个空巷充填支柱有否异常变化情况。

7.1.1　充填支柱压力观测情况分析

现场矿压仪器安设在 53017 巷支柱有 2 个、6# 空巷 4 个、5# 空巷 4 个，具体位置示意如图 7-1 所示，在空巷的充填支柱共安设了 10 个矿压表，从 9 月 2 日开始每天井下记录一次各表的压力值，全部数据的整理结果如表 7-1 所示。图 7-2 是各个矿压观测站的单个数值统计图（纵坐标压力单位为 t）。从单个图可以看出工作面在逐渐接近空巷、揭露空巷和通过空巷时矿压的显现情况，从而看出空巷由于充填支柱的支护作用顶板的来压情况、顶板的稳定性情况，反映出充填支柱对顶板的有效支护效果。

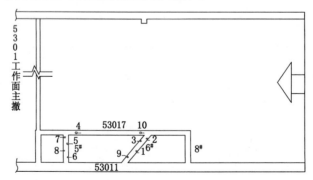

图 7-1　寺河矿 5301 工作面过空巷采用充填支柱支护压力表布置图

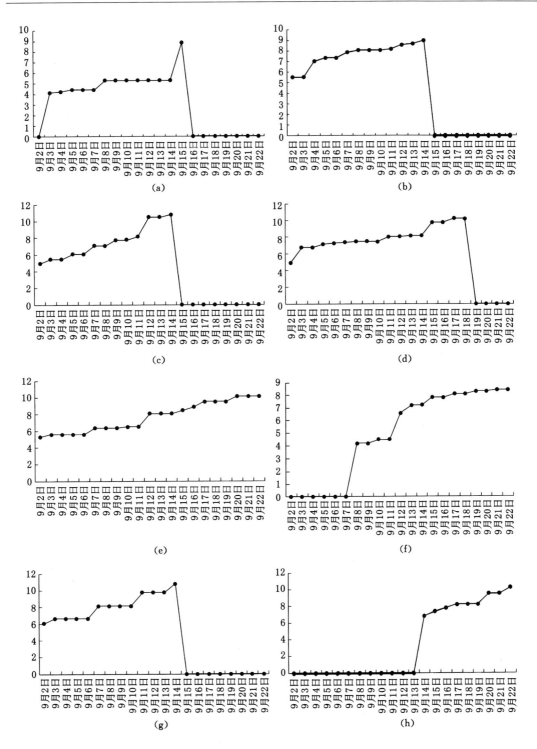

图 7-2 寺河矿 5301 工作面过空巷采用充填支柱矿压表测点矿压数据

(a) 1#测站压力表数据变化曲线;(b) 2#测站压力表数据变化曲线;(c) 3#测站压力表数据变化曲线;

(d) 4#测站压力表数据变化曲线;(e) 5#测站压力表数据变化曲线;(f) 6#测站压力表数据变化曲线;

(g) 7#测站压力表数据变化曲线;(h) 8#测站压力表数据变化曲线

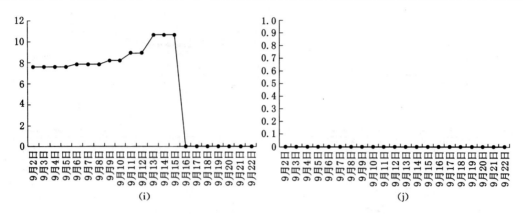

续图 7-2　寺河矿 5301 工作面过空巷采用充填支柱矿压表测点矿压数据

(i) 9# 测站压力表数据变化曲线;(j) 10# 测站压力表数据变化曲线

为了便于分析和了解安装的矿压仪器监测数据,必须结合工作面通过空巷的具体时间段。5301 工作面过空巷的具体时间如下:

(1) 2015 年 8 月 26 日,夜班工作面距离 8# 空巷 4 m。

(2) 2015 年 8 月 27 日,夜班工作面开始揭露 8# 空巷。

(3) 2015 年 8 月 28 日,夜班工作面顺利通过 8# 空巷。

(4) 2015 年 9 月 13 日,工作面开始揭露 6# 空巷,6# 空巷是斜空巷。

(5) 2015 年 9 月 16 日,工作面顺利全部通过 6# 空巷。

(6) 2015 年 9 月 23 日,工作面开始揭露 5# 空巷。

(7) 2015 年 9 月 24 日,工作面顺利通过 5# 空巷。

(8) 2015 年 9 月 28 日,工作面顺利与主撤贯通,回采结束。

表 7-1　　　　　寺河矿 5301 工作面过空巷采用充填支柱支护压力统计表

观测时间	安装的压力计编号及对应的观测压力数值/t									
	1#	2#	3#	4#	5#	6#	7#	8#	9#	10#
9 月 2 日	0	5.5	5	5	5.3	0	6.1	0	7.6	0
9 月 3 日	4.1	5.5	5.5	6.8	5.6	0	6.7	0	7.6	0
9 月 4 日	4.2	7	5.5	6.8	5.6	0	6.7	0	7.6	0
9 月 5 日	4.4	7.3	6.1	7.2	5.6	0	6.7	0	7.6	0
9 月 6 日	4.4	7.3	6.1	7.3	5.6	0	6.7	0	7.8	0
9 月 7 日	4.4	7.3	7.1	7.4	5.6	0	8.2	0	7.8	0
9 月 8 日	5.3	8	7.1	7.5	6.4	4.2	8.2	0	7.8	0
9 月 9 日	5.3	8	7.8	7.5	6.4	4.2	8.2	0	8.2	0
9 月 10 日	5.3	8	7.8	7.5	6.5	4.5	8.2	0	8.2	0
9 月 11 日	5.3	8.1	8.2	8.1	6.5	4.5	9.8	0	8.9	0
9 月 12 日	5.3	8.5	10.5	8.1	8.1	6.6	9.8	0	8.9	0
9 月 13 日	5.3	8.6	10.5	8.2	8.1	7.2	9.8	0	10.6	0

续表 7-1

观测时间	安装的压力计编号及对应的观测压力数值/t									
	1#	2#	3#	4#	5#	6#	7#	8#	9#	10#
9月14日	5.3	8.9	10.8	8.2	8.1	7.2	10.8	6.9	10.6	0
9月15日	8.8	0	0	9.8	8.5	7.8	0	7.5	10.6	0
9月16日	0	0	0	9.8	8.9	7.8	0	7.9	0	0
9月17日	0	0	0	10.3	9.5	8.1	0	8.3	0	0
9月18日	0	0	0	10.3	9.5	8.1	0	8.3	0	0
9月19日	0	0	0	0	9.5	8.3	0	8.3	0	0
9月20日	0	0	0	0	10.1	8.3	0	9.6	0	0
9月21日	0	0	0	0	10.1	8.4	0	9.6	0	0
9月22日	0	0	0	0	10.1	8.4	0	10.3	0	0

从上述数据图表可以得出如下结论：

(1) 从 1# 和 2# 矿压数据值变化来看,工作面是 13 日揭露空巷,在 12 日以前支柱上的压力基本是平稳的,没有异常来压显现,说明支柱有效地支撑了顶板来压。而在 13 日揭露空巷后支柱压力开始增大,说明基本顶开始弯曲断裂,工作面支架刚好可以支撑到空巷顶板。而 3# 和 9# 是设置于空巷煤壁另一边,所以支撑的来压相对较小,压力增加幅度相对也较小。

(2) 工作面通过 5# 空巷时,5# 和 6# 矿压表数据显示的矿压趋势也是在空巷揭露后开始增加。也说明充填支柱有效地支撑了顶板,使顶板来压不明显,有效地保护住了工作面煤壁的稳定和支架上部顶板的稳定性。

(3) 从总体数据来看,支柱上部承受来压荷载在来压时为 5～10 t。按照矿压计圆盘直径为 100 mm 换算成支柱断面直径 1 000 mm 面积的承载力应该是相应的 100 倍关系,即支柱承载力为 500～1 000 t。

7.1.2　工作面顶底板及煤壁稳定性观测结果

工作面在逐步接近、揭露三个空巷阶段,每个班都派专人观测空巷顶底板稳定性、顶底板移近量、空巷两帮移近量及稳定性、工作面煤壁的稳定性情况。表 7-2 为工作推过空巷顶底板及空巷两帮位移观测数据统计表。从 8 月 25 日一直到 9 月 28 日工作面推进到停采线时,观测结果为:

(1) 工作面煤壁未发生过一次片帮现象,从工作面距空巷 10 m 到逐步完全揭露没有任何鼓帮现象和片帮事故发生。

(2) 工作面顶板稳定,没有发生任何事故,而且在工作面揭露空巷时,还把空巷的顶板锚索全部退出,顶板依然无任何问题。顶板移近量基本在 300 mm 以内,底板局部有点底鼓现象,底鼓发生在充填支柱之间,底鼓高度也在 300 mm 左右。

(3) 空巷两帮移近量很小,基本在 300 mm 以内。两帮稳定,未有任何鼓帮和片帮现象发生。

表 7-2 工作面通过空巷阶段空巷顶底板及两帮位移观测结果

测量日期	工作面距空巷距离/m	顶底板高度/m	两帮间距/m
	8# 空巷		
2015 年 8 月 25 日	14	4.00	5.00
2015 年 8 月 26 日	8	3.80	4.85
2015 年 8 月 27 日	3	3.75	4.80
2015 年 8 月 28 日	推过空巷		
	6# 空巷		
2015 年 9 月 11 日	10 m		
2015 年 9 月 12 日	5 m	4.10	5.00
2015 年 9 月 13 日	开始揭露	3.90	4.88
2015 年 9 月 14 日		3.86	4.80
2015 年 9 月 15 日	推过空巷		
	5# 空巷		
2015 年 9 月 26 日	14 m	4.05	5.02
2015 年 9 月 27 日	8 m	3.88	4.98
2015 年 9 月 28 日	3 m	3.85	4.90
2015 年 9 月 29 日	推过空巷		

7.1.3 工作面过空巷阶段支架工作阻力分析

在工作面逐步接近空巷、揭露和通过空巷不同阶段,对工作面的支架工作阻力进行了观测、收集和统计分析,以便更好地了解充填支柱对空巷顶板的有效支护性能。统计结果如表 7-3 所示。

表 7-3 工作面接近和通过空巷阶段支架工作阻力统计表 kN

时间	支架号			备 注
	152# 架	160# 架	168# 架	
8 月 19 日	6 789.85	4 684.88	8 490.56	
8 月 20 日	7 196.88	5 765.04	8 427.76	
8 月 21 日	6 041.36	1 168.08	5 589.2	
8 月 22 日	6 325.12	5 634.44	6 012.22	
8 月 23 日	6 902.34	6 023.46	5 901.82	
8 月 24 日	6 012.22	6 782.12	6 098.28	
8 月 25 日	5 576.98	5 873.34	5 126.76	
8 月 26 日	5 808.23	4 213.46	4 689.12	
8 月 27 日	3 978.12	4 089.78	3 987.98	夜班 8# 空巷揭露
8 月 28 日	4 032.24	3 901.56	3 685.24	8# 空巷顺利通过
8 月 29 日	4 801.54	4 435.56	4 089.66	

续表 7-3

时间	支架号			备 注
	152#架	160#架	168#架	
8 月 30 日	5 023.26	4 812.24	5 325.28	
8 月 31 日	4 144.8	5 099.36	6 179.52	
9 月 1 日	3 918.72	6 166.96	6 166.96	
9 月 2 日	5 991.12	4 885.84	6 455.84	
9 月 3 日	7 033.6	7 096.4	6 983.36	
9 月 4 日	4 471.36	6 870.32	7 021.04	
9 月 5 日	6 455.84	5 212.4	6 154.4	
9 月 6 日	6 066.48	5 363.12	6 066.48	
9 月 7 日	4 948.64	4 056.88	6 694.48	
9 月 8 日	6 807.52	6 631.68	7 297.36	
9 月 9 日	7 196.88	3 617.28	5 363.12	
9 月 10 日	6 480.96	7 887.68	5 099.36	
9 月 11 日	6 769.84	6 744.72	6 857.76	
9 月 12 日	4 973.76	6 455.84	6 744.72	
9 月 13 日	3 680.08	5 940.88	6 581.44	6#空巷揭露
9 月 14 日	3 701.22	3 027.24	5 123.44	
9 月 15 日	3 523.44	3 901.22	4 756.42	
9 月 16 日	3 901.46	4 089.18	3 988.72	6#空巷顺利通过
9 月 17 日	4 012.62	5 023.64	4 912.24	
9 月 18 日	6 012.22	6 123.26	5 916.76	
9 月 19 日	5 967.82	7 022.34	7 231.26	
9 月 20 日	7 023.12	6 905.56	6 831.42	
9 月 21 日	6 900.22	7 123.46	5 905.12	
9 月 22 日	5 123.22	5 011.24	4 367.98	
9 月 23 日	4 026.82	4 870.68	4 126.72	5#空巷揭露
9 月 24 日	4 712.86	3 901.56	3 986.26	5#空巷顺利通过
9 月 25 日	5 323.42	4 236.28	4 123.32	
9 月 28 日	7 376.92	7 089.46	6 916.42	工作面到停采线

根据表 7-3 的统计数据,分别给出了工作面接近和通过 8#、6# 和 5# 空巷阶段的工作面支架阻力变化趋势图(图 7-3、图 7-4 和图 7-5)。

从表 7-3 和图 7-3、图 7-4、图 7-5 可以看出,工作面在接近和通过三个空巷过程中,工作面的支架工作阻力十分平稳,没有显示异常突然增大现象,表明空巷的顶板稳定性可靠、顶板断裂来压没有异常情况。而在通过空巷后支架阻力才有逐步增大,可能是通过空巷时,来压步距变小。支架工作阻力均在 8 000 kN 以下,说明工作面顶板来压平稳,无异常情况。

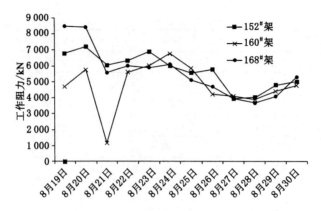

图 7-3　工作面接近和通过 8[#]空巷支架工作阻力变化图

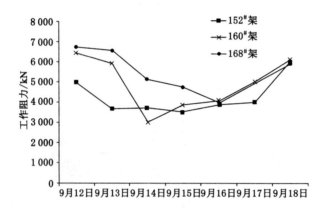

图 7-4　工作面接近和通过 6[#]空巷支架工作阻力变化图

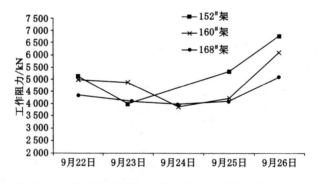

图 7-5　工作面接近和通过 5[#]空巷支架工作阻力变化图

7.1.4　充填支柱现场照片和割煤机切割过程照片

　　为了更好地表征充填支柱井下应用试验效果,在工作面割煤机推进空巷和切割空巷支柱时,在井下用防爆相机进行了现场实物拍照,能更直观地看出充填支柱的支护效果和作用(图 7-6 和图 7-7)。

(a)　　　　　　　　　　　　　　(b)

图 7-6　工作面刚揭露充填支柱支护的空巷照片

(a) 刚揭露;(b) 完全揭露

图 7-7　割煤机切割空巷中支护的充填支柱效果照片

7.2　沿顶空巷充填法应用效果评价

7.2.1　现场充填情况统计

　　根据前述空巷充填方案,对闭锁一巷及闭锁二巷进行了完全充填,采用水灰比 3:1,施工工艺参数完全按照方案执行。闭锁二巷现场充填情况统计如表 7-4 所示,闭锁一巷现场充填情况统计如表 7-5 所示。

表 7-4　　　　　　　　　　闭锁二巷现场充填情况统计表

工期/d	班次	当班人数	当班材料用量/t	当班使用浆液桶数/桶	累计材料用量/t
1	午班	15	6	16	6
2	午班	15	21.4	66	27.4
3	夜班	12	23.4	72	50.8
	早班	12	22.75	70	73.55
	午班	15	26	80	99.55

工期/d	班次	当班人数	当班材料用量/t	当班使用浆液桶数/桶	累计材料用量/t
4	夜班	12	26	80	125.55
	早班	12	30	70	155.55
	午班	15	25	50	180.55
5	夜班	15	30	80	210.55
	早班	12	30	80	240.55
	午班	12	30	80	270.55
6	夜班	12	30	80	300.55
	早班	11	30	80	330.55
	午班	12	30	92	360.55
7	夜班	12	30	90	390.55
	早班	12	30	92	420.55
	午班	11	31.2	96	451.75
8	夜班	12	30	92	481.75
	早班	12	30.55	94	512.3
	午班	12	30	92	542.3
9	夜班	11	30	92	572.3
	早班	12	30	92	602.3
	午班	17	30	92	632.3
10	夜班	12	30	92	662.3
	早班	16	30	92	692.3
	午班	17	30	92	722.3
11	夜班	12	30	92	752.3
	早班	12	30.25	98	782.55
	午班	17	30	100	812.55
12	夜班	12	30	100	842.55
	早班	12	22.75	70	865.3
	午班	16	12	40	877.3
13	夜班	12	30	90	907.3
	早班	14	19.5	60	926.8
	午班	14	19.2	64	946
14	夜班	0	0		946
	早班	0	0		946
	午班	12	15.6		961.6
15	夜班		30	100	991.6
	早班		27	72	1 018.6
	午班	9			1 018.6

表 7-5　　　　　　　　　　闭锁一巷现场充填情况统计表

工期/d	班次	当班人数	当班材料用量/t	当班使用浆液桶数/桶	累计材料用量/t
16	夜班	9			
	早班	17	13	26	13
	午班	11	35.25	78	48.25
17	夜班	9	21	70	69.25
	早班	12	21	70	90.25
	午班	10	20.04	70	110.29
18	夜班	13	30	100	140.29
	早班	14	30	100	170.29
	午班	12	35.15	76	205.44
19	夜班	12	33	71	238.44
	早班	11	30	60	268.44
	午班	11	36	106	304.44
20	夜班	11	32	90	336.44
	早班	10	30	60	366.44
	午班	11	30	92	396.44
21	夜班	12	31	106	427.44
	早班	10	11	36	438.44
	午班	11	30	100	468.44
22	夜班	11	22	68	490.44
	早班	13	30	93	520.44
	午班	10	35	118	555.44
23	夜班	11	35	115	590.44
	早班	12	30	100	620.44
	午班	9	30	100	650.44
24	夜班	10	34	88	684.44
	早班	13	30	80	714.44
	午班	10	36.5	106	750.94
25	夜班	10	35	94	785.94
	早班	13	31	84	816.94
	午班	10	30.5	84	847.44
26	夜班	10	30	93	877.44
	早班	11	30	92	907.44
	午班	10	30	93	937.44
27	夜班	10	30	80	967.44
	早班	11	30	94	997.44
	午班	10	20	32	1 017.44

工期/d	班次	当班人数	当班材料用量/t	当班使用浆液桶数/桶	累计材料用量/t
28	夜班	10	6.5		1 023.94
	早班	10	5	12	1 028.94
	午班	7	26	80	1 054.94
29	夜班	11	12	44	1 066.94
	早班	13	10	33	1 076.94
	午班	11	6	30	1 082.94

据表 7-4、表 7-5 中充填材料现场用量统计可以看出,两条空巷现场充填作业总计历时 29 d,共使用充填材料 2 101.54 t。

7.2.2 充填作业主要现场问题

晋煤集团技术研究院现场每班均安排专人跟班提供技术指导,除对各班充填量进行统计外,还对充填作业过程中出现的问题进行分析和解决,经过统计发现,现场作业过程中出现的技术问题主要包括以下两个方面:

(1)板墙漏浆

刚开始充填时,在巷道端口位置处的板墙上,会沿板墙四周或板缝间隙出现漏浆,其原因主要是浆液的失流时间 15 min 左右,当刚开始充填时,浆液流动性好,从板墙四周密封不严或者板缝间隙处跑浆。

针对这一问题,目前主要采用棉纱堵漏的方式进行封堵,封堵效果较好,在个别漏浆严重区域,矿方采用废旧风筒布铺在板墙内侧,然后在板墙外侧缝隙大的地方采用棉纱堵漏,有效地解决了板墙处漏浆的问题。

(2)充填泵故障频发

充填施工过程中,充填泵经常发生密封圈磨损、缸体漏浆等问题,影响施工进度,究其原因主要是现场工程量大、工期紧,现场"三班"昼夜连续作业,充填设备负荷大,磨损严重,故障频发。

针对这一问题,项目相关负责领导积极协调,设备厂家提供驻矿设备售后服务人员 2 名,积极配合施工进度,根据需要,随时对设备进行维修保养,同时也对现场施工人员及技术指导人员进行了系统的设备维护培训,有效保证了现场施工作业的有序进行,同时也培养了一支基础技能过硬的施工队伍。

7.2.3 工作面过充填空巷区域回采情况

由现场勘察可知,空巷区域位置为机头 277~300.6 m,机尾 275~299.6 m,由表 7-6 中工作面过充填空巷区域的回采进度统计可以看出,自工作面机尾部分开始进入充填空巷区域,至工作面完全出充填空巷区域,整个过程共历时 9 d,工作面过空巷区域现场照片如图 7-8 所示。

表 7-6　　　　　　　　　　　工作面过充填空巷区域回采情况统计表

工期/d	机头进度/m	机尾进度/m
1	270	272.5
2	270	280.0
3	274	282.3
4	278	283.8
5	283	283.8
6	288	284.5
7	290	285.1
8	297	290.3
9	303	293.0
10	303	299.5

(a)

(b)

图 7-8　工作面过空巷区域现场照片

(1) 机头位置处;(2) 架间位置处

过空巷充填区域时,顶板空巷煤厚约 3.3 m,采高约 3.0 m。由于不放煤,采煤机割煤高度为充填体下方煤层,因此截齿消耗量较工作面正常割煤时并无区别,并没有出现频繁更换截齿的现象。

现场实施过程中,比较突出的两个问题主要表现为:

(1) 材料运输工程量大。由于方案设计过程中时间紧张,对系统配套缺乏深入的研究和改进工作,造成材料运输主要由人工负担,材料运输工程量大,工程劳动强度较大,建议在今后的空巷充填工程中对系统配套进行深入研究和改进。

(2) 对煤质造成一定影响。方案设计中两空巷之间煤柱不放煤,但在现场实际作业过程中,现场为了最大限度地回收资源,在保证安全的前提下,对两空巷间煤柱的大部分区域进行了放煤作业,造成采出的煤炭中混入了充填材料块体,而充填材料重度较煤体小,增加了洗煤过程中的难度,建议进一步优化材料配比,适当增加材料重度,避免对煤质造成影响。

7.2.4　工作面过充填空巷区域矿压规律分析

通过观测工作面支架阻力,对比分析工作面正常回采和过空巷回采期间支架的工作阻力,结合回采巷道变形观测,综合分析空巷充填的实际效果,作为厚煤层沿顶空巷充填技术评判重要依据。

7.2.4.1　矿压监测方案

在综采工作面支架上安装采集式综采记录仪的方式进行支架阻力监测,采集支架阻力数据后,对支架工作阻力数据进行分析处理,绘制历史曲线,进行分析。沿工作面布置分为上、中、下三个监测区域,呈对称分布,工作面中部监测 4 个支架,两端头监测 2 个支架,共计监测 6 个支架,安装 6 个综采支架记录仪,监测支架为:工作面上部 2#,工作面中部 5#、6#、7#、8#,工作面下部 10#。每个分站上使用 2 个液压串联接口,监测支架的工作阻力,各监测分机每 5 min 自动记录支架阻力数据,通过人工采集数据,如图 7-9 所示。

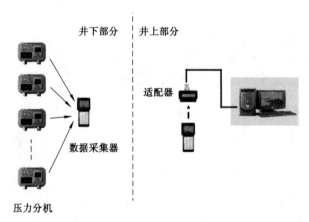

图 7-9　工作面支架受力采集

在采煤工作面两边巷道内分别布置测站,采用"十"字断面法布点观测,由于 33113 巷为胶带巷,故在此主要测量顶底板变形,在 33111 巷测量两帮和顶底板变形。井下共布置 6 个测点,分别是:1 巷:推进度 272、285、290 m 处,3 巷:推进度 280、290、295 m 处。

布置测点遵从的原则是,距离闭锁巷 1 巷前方 2～3 m 处布置一个,在两条空巷之间布置两个测点。监测断面内,在两帮中部水平方向贴有红色反光纸。巷道顶板用红漆在锚杆托盘上做标记。支架受力及巷道变形测点布置见图 7-10。

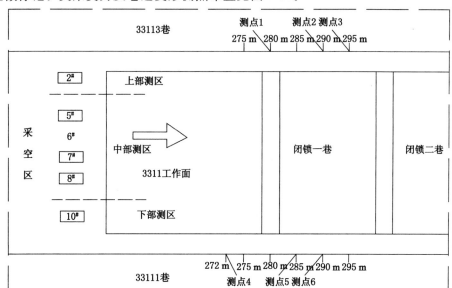

图 7-10 工作面支架阻力及回采巷道变形情况测点布置

7.2.4.2 正常回采阶段支架阻力分析

正常回采阶段支架阻力观测范围为 160～270 m。

（1）支架初撑力统计与分析

见表 7-7。

表 7-7 各支架初撑力频率统计表 ％

架号	初撑力/kN	0～1 000	1 000～2 000	2 000～3 000	3 000～4 000	4 000～5 000	5 000～6 000	6 000～7 000	7 000～8 000
上部	2#	22.92	37.50	25.00	11.46	3.13	0.00	0.00	0.00
中部	5#	0.00	12.96	21.30	38.89	26.85	0.00	0.00	0.00
	6#	2.36	8.66	24.41	49.61	14.17	0.79	0.00	0.00
	7#	0.00	3.51	19.30	44.74	28.95	3.51	0.00	0.00
	8#	1.20	6.02	25.30	45.78	21.69	0.00	0.00	0.00
下部	10#	47.06	38.24	13.24	1.47	0.00	0.00	0.00	0.00

由图 7-11、图 7-12 和表 7-7 可知，在工作面上部，初撑力区间主要分布于 0～4 000 kN 的范围内。其中，在低阻力 0～1 000 kN 范围初撑力频率达到了 22.92％，在 1 000～2 000 kN 范围初撑力频率最高，为 37.5％，整体成偏低阻力的正态分布。在工作面中部，初撑力区间主要分布于 2 000～5 000 kN 范围内。其中，中部支架在 3 000～4 000 kN 范围内频率达到最高，分别为 38.89％、49.61％、44.74％、45.78％，整体呈现为标准的正态分布。在工作面下部，初撑力区间主要分布于 0～3 000 kN 的范围内。在低阻力 0～1 000 kN 范围初撑力频率达到了最高，为 47.06％。

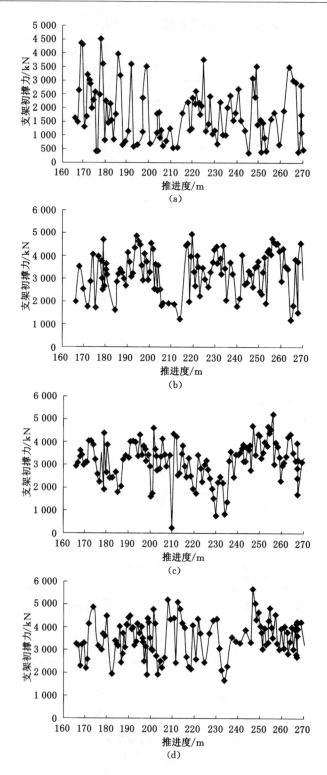

图 7-11　3311 工作面各支架循环初撑力曲线图

(a) 2# 支架；(b) 5# 支架；(c) 6# 支架；(d) 7# 支架

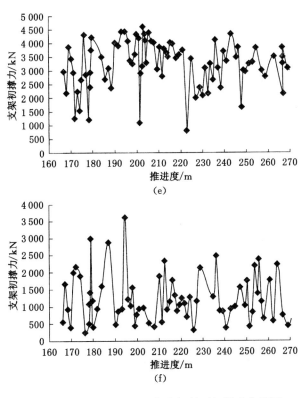

续图 7-11　3311 工作面各支架循环初撑力曲线图

(e) 8# 支架；(f) 10# 支架

（2）支架末阻力统计与分析

由图 7-13 和表 7-8 可知，在工作面上部，末阻力区间主要分布于 1 000～6 000 kN 范围内。其中，在低阻力 1 000～2 000 kN 范围末阻力频率达到了 10.42%，在 3 000～4 000 kN 范围末阻力频率最高，为 31.25%，整体呈正态分布。在工作面中部，末阻力区间主要分布于 3 000～6 000 kN 范围内。其中，5#、6#、7# 支架末阻力在 5 000～6 000 kN 范围频率最高，分别为 65.74%、60.63%、68.42%；8# 支架末阻力在 4 000～5 000 kN 范围频率最高，为 84.52%。在工作面下部，末阻力区间主要分布于 1 000～3 000 kN 的范围内。在 2 000～3 000 kN 范围末阻力频率最高，为 45.59%。

表 7-8　　　　　　　　　　各支架末阻力频率统计表　　　　　　　　　　　%

架号 末阻力/kN		0～1 000	1 000～2 000	2 000～3 000	3 000～4 000	4 000～5 000	5 000～6 000	6 000～7 000	7 000～8 000
上部	2#	0.00	10.42	22.92	31.25	18.75	16.67	0.00	0.00
中部	5#	0.00	0.00	0.93	5.56	27.78	65.74	0.00	0.00
	6#	0.00	0.00	2.36	8.66	28.35	60.63	0.00	0.00
	7#	0.00	0.00	0.00	3.51	28.07	68.42	0.00	0.00
	8#	0.00	0.00	1.19	13.10	84.52	1.19	0.00	0.00
下部	10#	7.35	39.71	45.59	5.88	1.47	0.00	0.00	0.00

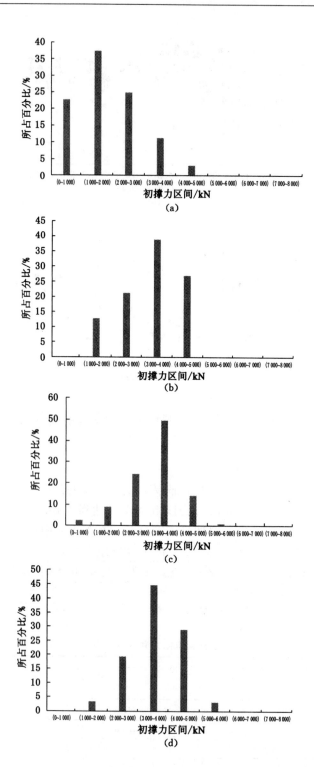

图 7-12　3311 工作面各支架初撑力频度分布直方图

(a) 2# 支架；(b) 5# 支架；(c) 6# 支架；(d) 7# 支架

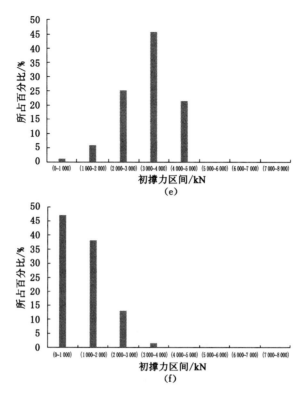

续图 7-12　3311 工作面各支架初撑力频度分布直方图

(e) 8# 支架；(f) 10# 支架

由各支架末阻力可得出支架的平均循环末阻力，由支架的平均循环末阻力与其均方差之和可以得出周期来压判据，作为判断顶板周期来压的主要指标。

各支架来压判据计算结果如表 7-9 所示。

表 7-9　　　　　　　　　　　　　支架周期来压判据

支架	循环末阻力/kN		
	平均阻力 $\overline{P}_t$	均方差 σ_{P_t}	判据 $P_t^P = \overline{P}_t + \sigma_{P_t}$
2#	3 561.1	1 151.8	4 712.9
5#	5 071.7	631.7	5 703.4
6#	4 951.3	731.0	5 682.3
7#	5 159.4	571.9	5 731.3
8#	4 521.9	401.1	4 923.1
10#	2 020.8	774.2	2 795.0

由表 7-9 各支架来压判据，结合各支架末阻力，得出各支架循环末阻力曲线，如图 7-14 所示。

由图 7-14 得出各支架周期来压步距，如表 7-10 所示。

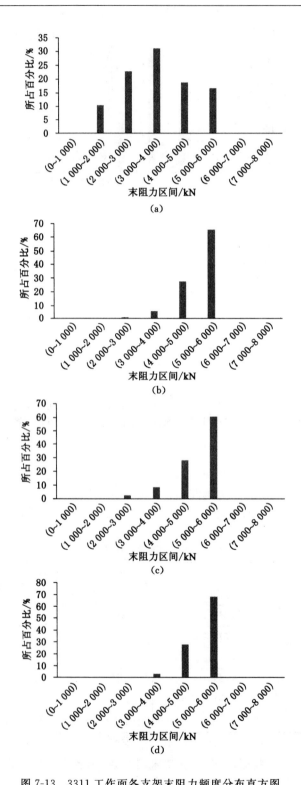

图 7-13 3311 工作面各支架末阻力频度分布直方图

(a) 2# 支架；(b) 5# 支架；(c) 6# 支架；(d) 7# 支架

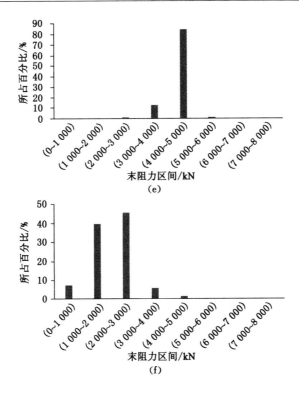

续图 7-13　3311 工作面各支架末阻力频度分布直方图
(e) 8#支架；(f) 10#支架

表 7-10 各支架周期来压步距　　　　　　　　m

位置	支架	周期来压次序						小平均	平均
		1	2	3	4	5	6		
上部	2#	18.0	16.8	18.7	17.1			17.7	
中部	5#	13.4	16.5	15.6	17.1	21.7		17.3	17.4
	6#	12.9	16.1	21.0	26.0				
	7#	12.3	18.1	14.4	28.6				
	8#	15.6	11.7	13.0	13.8	22.7			
下部	10#	16.8	17.6	15.1	21.5			17.8	

　　本阶段从距开切眼 160 m 开始回采至距开切眼 270 m 处，共推进 110 m。此阶段为过空巷前阶段，在此阶段内进行周期来压特征分析。

　　由图 7-14 和表 7-10 可知，本阶段工作面经历 4～5 次周期来压，统计数据显示，工作面上部周期来压步距平均 17.7 m，中部周期来压步距平均 17.3 m，下部周期来压步距平均 17.8 m，整面周期来压步距平均 17.4 m。

7.2.4.3　过空巷阶段支架阻力分析

　　过空巷支架阻力观测范围 270～320 m。

　　(1) 支架初撑力统计与分析

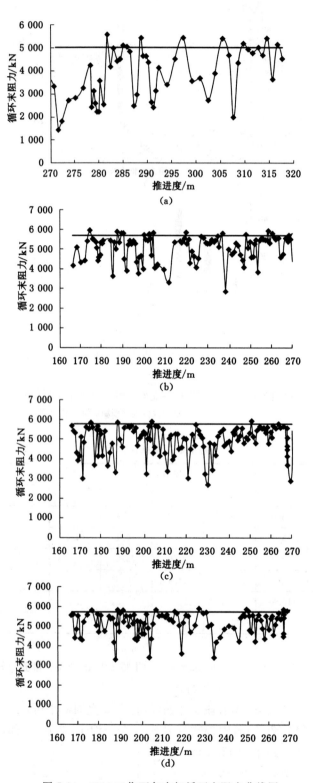

图 7-14 3311 工作面各支架循环末阻力曲线图

(a) 2# 支架；(b) 5# 支架；(c) 6# 支架；(d) 7# 支架

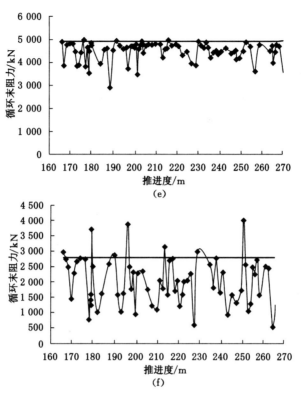

续图 7-14　3311 工作面各支架循环末阻力曲线图

(e) 8# 支架;(f) 10# 支架

由图 7-15、图 7-16 和表 7-11 可知,在工作面上部,初撑力区间主要分布于 0～4 000 kN 的范围内。其中,在低阻力 0～1 000 kN 范围初撑力频率达到了 15.38%,在 1 000～ 2 000 kN 和 3 000～4 000 kN 范围初撑力频率最高,为 32.69%。在工作面中部,初撑力区间主要分布于 2 000～5 000 kN 范围内。其中,5#、7# 和 8# 支架在 3 000～4 000 kN 范围频率达到最高,分别为 44.68%、47.62%、46.88%,6# 支架在 2 000～3 000 kN 范围频率达到最高,为 34.21%,整体呈现为标准的正态分布。在工作面下部,初撑力区间主要分布于 0～ 2 000 kN 的范围内。在低阻力 0～1 000 kN 范围初撑力频率达到了最高,为 66.67%。

表 7-11　　　　　　　　　　各支架初撑力频率统计表　　　　　　　　　%

架号	初撑力/kN	0～1 000	1 000～2 000	2 000～3 000	3 000～4 000	4 000～5 000	5 000～6 000	6 000～7 000	7 000～8 000
上部	2#	15.38	32.69	17.31	32.69	1.92	0.00	0.00	0.00
中部	5#	0.00	10.64	17.02	44.68	27.66	0.00	0.00	0.00
	6#	0.00	2.63	34.21	31.58	31.58	0.00	0.00	0.00
	7#	0.00	11.90	14.29	47.62	26.19	0.00	0.00	0.00
	8#	6.25	18.75	18.75	46.88	9.38	0.00	0.00	0.00
下部	10#	66.67	33.33	0.00	0.00	0.00	0.00	0.00	0.00

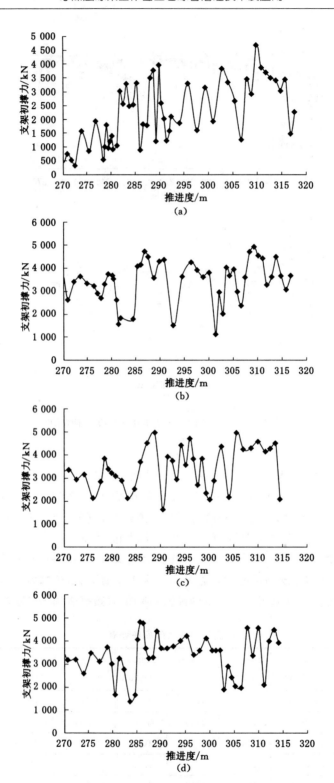

图 7-15 3311 工作面各支架循环初撑力曲线图

(a) 2# 支架；(b) 5# 支架；(c) 6# 支架；(d) 7# 支架

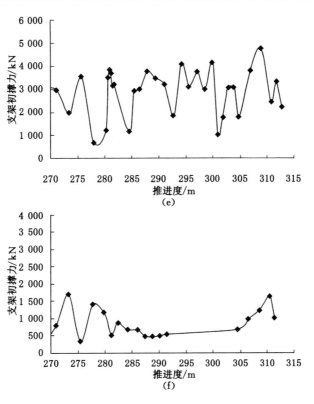

续图7-15　3311工作面各支架循环初撑力曲线图

(e) 8#支架；(f) 10#支架

（2）支架末阻力统计与分析

由图7-17和表7-12可知，在工作面上部，末阻力区间主要分布于1 000～6 000 kN范围内。其中，在低阻力1 000～2 000 kN范围末阻力频率为5.77%，在4 000～5 000 kN范围末阻力频率最高，为28.85%。在工作面中部，末阻力区间主要分布于3 000～6 000 kN范围内。其中，5#、6#、7#支架末阻力在5 000～6 000 kN范围频率最高，分别为57.45%、63.16%、73.81%；8#支架末阻力在4 000～5 000 kN范围频率最高，为81.25%。在工作面下部，末阻力区间主要分布于0～3000kN的范围内。在0～1000kN范围末阻力频率最

表7-12　　　　　　　　　　　　　各支架末阻力频率统计表　　　　　　　　　　%

末阻力/kN 架号		0～ 1 000	1 000～ 2 000	2 000～ 3 000	3 000～ 4 000	4 000～ 5 000	5 000～ 6 000	6 000～ 7 000	7 000～ 8 000
上部	2#	0.00	5.77	23.08	19.23	28.85	23.08	0.00	0.00
中部	5#	0.00	0.00	4.26	17.02	19.15	57.45	2.13	0.00
	6#	0.00	0.00	2.63	10.53	23.68	63.16	0.00	0.00
	7#	0.00	0.00	0.00	9.52	16.67	73.81	0.00	0.00
	8#	0.00	0.00	3.13	15.63	81.25	0.00	0.00	0.00
下部	10#	61.11	22.22	16.67	0.00	0.00	0.00	0.00	0.00

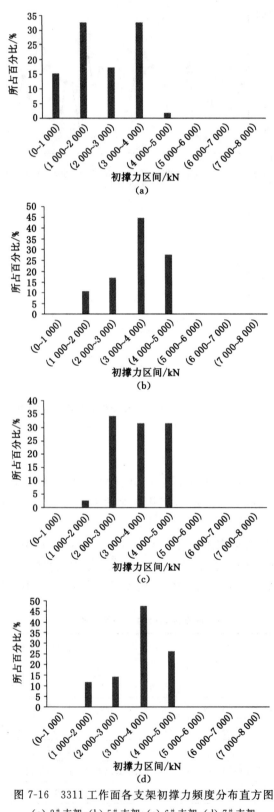

图 7-16　3311 工作面各支架初撑力频度分布直方图

(a) 2# 支架;(b) 5# 支架;(c) 6# 支架;(d) 7# 支架

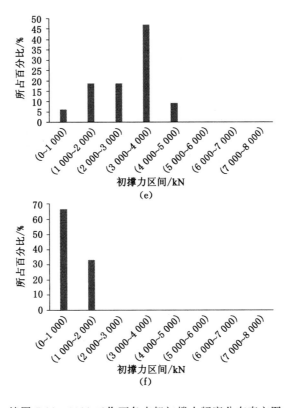

续图 7-16　3311 工作面各支架初撑力频度分布直方图

(e) 8# 支架；(f) 10# 支架

高，为 61.11%。

由各支架末阻力可得出支架的平均循环末阻力，由支架的平均循环末阻力与其均方差之和可以得出周期来压判据，作为判断顶板周期来压的主要指标。

各支架来压判据计算结果如表 7-13 所示。

表 7-13　支架周期来压判据

支架	循环末阻力/kN		
	平均阻力 $\overline{P}_t$	均方差 σ_{P_t}	判据 $P_t^P = \overline{P}_t + \sigma_{P_t}$
2#	3 871.3	1 144.7	5 016.0
5#	5 005.0	890.0	5 895.0
6#	5 019.8	774.8	5 794.7
7#	5 232.7	663.1	5 895.8
8#	4 361.8	614.9	4 976.7
10#	1 021.0	413.0	1 434.0

由表 7-13 各支架来压判据，结合各支架末阻力，得出各支架循环末阻力曲线，如图 7-18 所示。

由图 7-18 得出各支架周期来压步距，如表 7-14 所示。

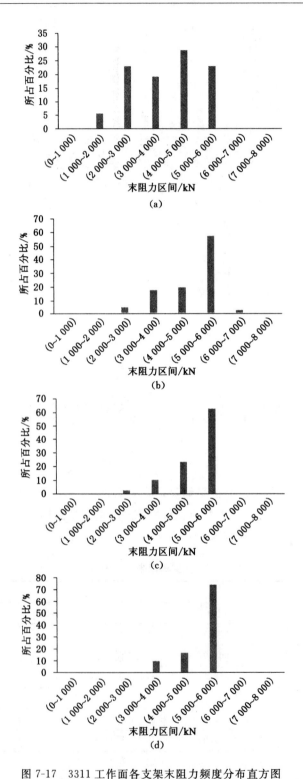

图 7-17　3311 工作面各支架末阻力频度分布直方图

(a) 2# 支架；(b) 5# 支架；(c) 6# 支架；(d) 7# 支架

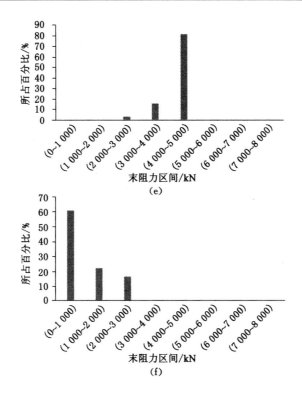

续图 7-17　3311 工作面各支架末阻力频度分布直方图

(e) 8# 支架;(f) 10# 支架

表 7-14　　　　　　　　　　　　各支架周期来压步距　　　　　　　　　　　　　　m

位置	支架	周期来压次序						小平均	平均
		1	2	3	4	5	6		
上部	2#	17.2	16.5					17.0	
中部	5#	18.5	17.6					17.72	17.3
	6#	17.9	16.9						
	7#	18.9	17.4						
	8#	16.5	18.1						

　　本阶段从距开切眼 270 m 开始回采至距开切眼 320 m 处,共推进 50 m,由图 7-18 和表 7-14 可知,本阶段工作面经历 2～3 次周期来压,统计数据显示,工作面顶板周期来压步距平均 17.3 m。

　　通过对比工作面正常回采阶段和过空巷阶段的矿压监测分析情况可以看出,工作面过空巷阶段的支架初撑力、末阻力、顶板周期来压情况均与正常回采阶段无明显差别,说明空巷充填较好地保障了工作面通过空巷充填区域的安全性。

7.2.4.4　过空巷阶段巷道变形分析

　　自 2017 年 5 月 4 日至 2017 年 5 月 13 日,技术研究院安排专人对井下 33113 巷及 33111 巷中布置的测点进行跟踪观测,其中,由于 33113 巷为胶带巷,仅在 33113 巷中的测点位置进行了巷道顶板下沉量及底鼓量观测，观测方法如前所述。33113 巷中测点的变形观测数据如表 7-15 所示。

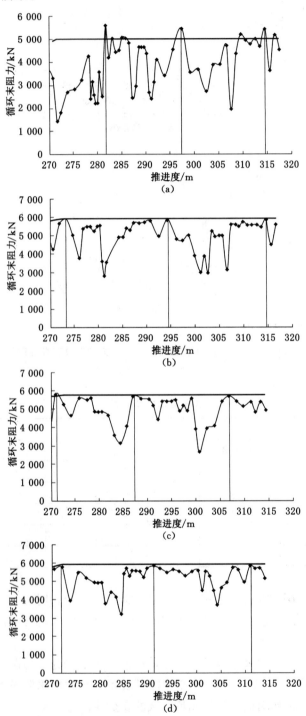

图 7-18　3311 工作面各支架循环末阻力曲线图

(a) 2# 支架；(b) 5# 支架；(c) 6# 支架；(d) 7# 支架

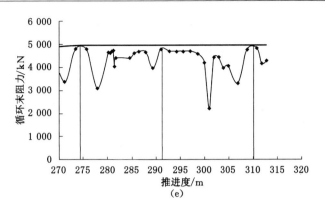

续图 7-18　3311 工作面各支架循环末阻力曲线图

(e) 8# 支架

测点	距工作面距离/m	顶底板距离/mm	顶板下沉量/mm	底鼓量/mm	观测日期
表 7-15		**33113 巷巷道变形观测数据统计表**			
1	18.4	3 047	初始值	初始值	5 月 4 日
2	28.4	3 348	初始值	初始值	5 月 4 日
3	33.4	3 494	初始值	初始值	5 月 4 日
1	10.5	2 987	30	30	5 月 6 日
2	20.5	3 301	18.8	28.2	5 月 6 日
3	25.5	3 461	17.2	15.8	5 月 6 日
1	9	2 897	56	94	5 月 8 日
2	19	3 249	33.6	65.4	5 月 8 日
3	24	3 241	31.2	41.8	5 月 8 日
1	2.4	2 845	80.8	121.2	5 月 9 日
2	12.4	3 214	53.6	80.4	5 月 9 日
3	17.4	3 398	38.4	57.6	5 月 9 日
1	推过	—	—	—	5 月 11 日
2	5.5	3 135	85.2	127.8	5 月 11 日
3	10.5	3 351	57.2	85.8	5 月 11 日
1	推过	—	—	—	5 月 13 日
2	推过	—	—	—	5 月 13 日
3	2.2	3 302	76.8	115.2	5 月 13 日

　　33111 巷中,巷道作为运输巷,供胶轮车行驶,巷道观测条件较 33113 巷便利,因此在 33111 巷中测点对巷道顶底板变形和两帮变形情况进行观测,其中左帮为靠近工作面一侧煤壁,右帮为靠近 33112 巷一侧煤壁,巷道变形观测数据如表 7-16 所示。

表 7-16   **33111 巷巷道变形观测数据统计表**

测点	距工作面距离/m	顶底板距离/mm	顶板下沉量/mm	底鼓量/mm	左帮移近量/mm	右帮移近量/mm	观测日期
4	26.7	3 179	初始值	初始值	初始值	初始值	5月2日
4	21	3 152	13.8	13.2	2.8	4.2	5月3日
4	18.4	3 110	32.6	36.4	8	7	5月4日
5	31.4	3 155	初始值	初始值	初始值	初始值	5月4日
6	36.4	3 179	初始值	初始值	初始值	初始值	5月4日
4	5.8	3 004	70	105	13.2	19.8	5月6日
5	18.8	3 110	14	31	5.6	8.4	5月6日
6	23.8	3 129	16	34	10.4	10.6	5月6日
4	推过	—	—	—	—	—	5月8日
5	3.5	3 046	49.6	59.4	15.8	16.2	5月8日
6	8.5	3 066	50.2	62.8	17	33	5月8日
4	推过	—	—	—	—	—	5月9日
5	2.7	2 998	57.8	127.8	17.6	26.4	5月9日
6	7.7	3 022	65.8	85.8	22.8	44.2	5月9日
4	推过	—	—	—	—	—	5月11日
5	0.5	2 923	81.8	150.2	23.2	44.8	5月11日
6	5.5	2 931	109.2	138.8	34.8	62.2	5月11日
4	推过	—	—	—	—	—	5月13日
5	推过	—	—	—	—	—	5月13日
6	1.2	2 837	146.8	195.2	49.8	82.2	5月13日

综合分析观测数据,得到综放面回采巷道表面受回采影响的变形规律,根据表 7-15、表 7-16 中巷道顶板下沉量、底板底鼓量、两帮移近量,绘制出图 7-19 至图 7-24。

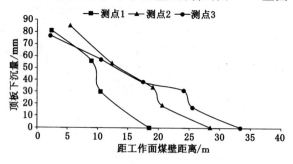

图 7-19   33113 巷测点顶板下沉量位移曲线图

通过图 7-19、图 7-20 中的巷道顶板下沉量与底鼓量曲线可以看出,对于 33113 巷中测点而言,在监测期间内,巷道顶板下沉及底鼓变形曲线斜率大,变形增长速度快,测点 2 的监测变形量最大,顶底板移近量最大值为 213 mm,其中顶板下沉量最大值为 85.2 mm,底鼓

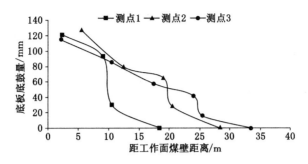

图 7-20　33113 巷测点底板底鼓量位移曲线图

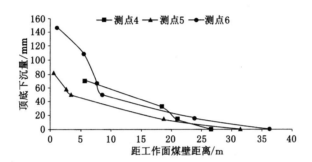

图 7-21　33111 巷测点顶板下沉位移曲线图

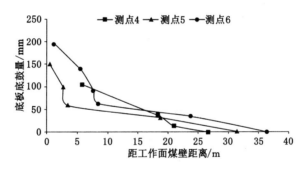

图 7-22　33111 巷测点底板底鼓量位移曲线图

量最大值为 127.8 mm。

通过图 7-21、图 7-22 中的巷道顶板下沉量与底鼓量曲线可以看出,对于 33111 巷中测点而言,在监测期间内,巷道变形从工作面前方约 36 m 位置处开始增大,随后巷道变形量缓慢增加,至工作面前方约 8 m 位置处时,巷道变形曲线出现拐点,巷道变形量急剧增大,变形增长速度快,测点 6 的监测变形量最大,顶底板移近量最大值为 342 mm,其中顶板下沉量最大值为 146.8 mm,底鼓量最大值为 195.2 mm。

通过图 7-23 和图 7-24 中的巷道两帮鼓出曲线可以看出,巷道两帮鼓出曲线大致规律与巷道顶板下沉曲线相似,对于 33111 巷中测点而言,在监测期间内,巷道变形从工作面前方约 36 m 位置处开始增大,随后巷道变形量缓慢增加,至工作面前方约 8 m 位置处时,巷道变形曲线出现拐点,巷道变形量急剧增大,变形增长速度快,测点 6 的监测变形量最大,巷道左帮鼓出量最大值为 49.8 mm,巷道右帮鼓出量最大值为 82.2 mm。

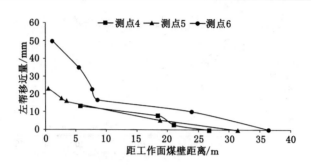

图 7-23   33111 巷测点左帮位移曲线图

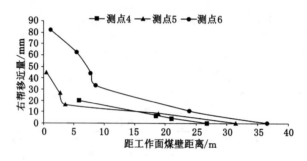

图 7-24   33111 巷测点右帮位移曲线图

综合上述分析可以看出,工作面通过充填空巷区域期间,工作面两顺槽巷道中的顶板下沉量最大值为 146.8 mm,底鼓量最大值为 195.2 mm,左帮鼓出量最大值为 49.8 mm,右帮鼓出量最大值为 82.2 mm,满足了计划任务书中"工作面通过空巷区域时,两顺槽巷道顶板下沉量不大于 300 mm,底鼓量不大于 500 mm,两帮鼓出量各不大于 300 mm"的技术指标要求。

7.3   冒落空巷注浆加固法应用效果评价

7.3.1   冒落区注浆量

在 3616 工作面进风巷对残采冒落区注浆时,采用注浆与打钻套孔循环交替实施,即注浆过程中成一孔,封孔注浆。单孔最大注浆量达 36.1 t,最小注浆量在 2.5 t,设计钻孔共计注浆 266.4 t。如表 7-17 所示。

表 7-17   首轮注浆钻孔注浆量统计

钻孔编号	1#	2#	3#	4#	5#	6#	7#	8#	9#
注浆量/t	28.6	24.5	16.2	36.1	26.8	16.4	17.3	20.6	12
钻孔编号	10#	11#	12#	13#	14#	15#	16#	17#	
注浆量/t	14	8	14.8	6.7	2.5	5.3	4.6	12	

在首轮注浆完成后,为检验注浆效果,设置 6 个检验钻孔。检验钻孔与巷道中线的倾斜方向与设计钻孔相反,以扩大对原钻孔注浆情况的检验范围。检验钻孔的钻进整体上比较顺利,在打钻过程中卡钻、掉钻、塌孔的异常现象较首轮钻进时明显减少。由窥视情况知冒落的煤岩

体得到有效的加固,冒落空巷间煤柱区域松散破碎的煤体没有得到充分的加固,利用检验钻孔对残采区域进一步补注浆。验证钻孔共注浆27.2 t,多数验证钻孔注浆量在3 t左右。设计钻孔注浆治理工作面冒落区基本上达到预期的注浆效果。如表7-18所示。

表 7-18　　　　　　　　　　　　　验证钻孔注浆量统计

钻孔编号	Y1	Y2	Y3	Y4	Y5	Y6
注浆量/t	2.8	3.5	8.9	6.2	3.1	2.7

在工作面回采过程中根据空巷的揭露情况和空巷间煤柱的破碎情况,在检修班对揭露空巷注浆效果不理想的区域和空巷间压酥破碎的煤柱进行浅孔补注浆加固,破碎煤体中每个注浆孔的注浆量在0.5~1 t,新揭露的空巷每个注浆孔的注浆量在2~3 t。回采过程中分15次对冒落空巷间的煤柱及新揭露的冒落区进行注浆,共计注浆量达90 t。回采过程中的补注浆有效地防止了工作面的片帮、冒顶事故的发生。

7.3.2　冒落区注浆效果

对残采冒落区注浆效果的检测是判断冒落区注浆工艺能否有效治理工作面冒落区的标准。为了确保工作面冒落区得到有效的加固,在注浆完毕后选择注浆薄弱的地方进行钻孔窥视,若有注浆不满足要求的,则重新布置钻孔进行补注浆,为其他类似条件地段注浆合理布置钻孔及控制注浆压力提供依据。工作面推至冒落区域时,采取现场实测的方式检测冒落区注浆效果,针对不完善的地方,通过对施工工艺进行调整和完善,以期达到最好的注浆效果。

7.3.2.1　钻孔窥视

在注浆前后分别窥视数个钻孔,对比注浆加固效果。注浆前后窥视结果见图7-25。

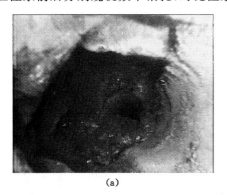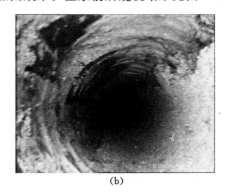

　　　　　　　　(a)　　　　　　　　　　　　　　　　　　　(b)

图 7-25　注浆前后钻孔窥视情况
(a) 注浆前;(b) 注浆后

从注浆前、后钻孔窥视结果可以看出,注浆前煤体内部煤岩体破碎,钻孔变形严重,孔口甚至孔内都出现严重的塌孔现象,可以明显观察到散状分布的煤岩块体,而注浆后,钻孔成孔明显变好,钻孔孔壁完整,可以明显观察到浆液完全填满煤岩体之间的裂隙,或者浆液完全填满空洞区域,将破碎煤岩体黏结到一起,煤岩体内部结构完整、紧密,注浆加固效果良好。

7.3.2.2 回采揭露情况

3616 工作面自 2015 年 12 月开始回采上分层,期间河南创导技术开发有限公司派出技术人员全程跟踪,对回采揭露的残采区域注浆和回采情况进行了总结,拍摄了大量现场图片,统计了大量数据。如图 7-26 所示。

图 7-26　现场拍摄图片

(a) 煤壁平直;(b) 破碎煤体注浆后煤壁平直;(c) 与残采区域平行区煤壁完好;(d) 与残采区域垂直区煤壁完好;
(e) 煤壁轻微片帮;(f) 煤壁片帮量较大;(g) 煤壁片帮严重;(h) 残采区域矸石冒落

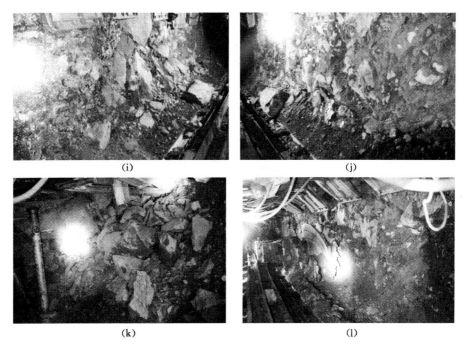

续图 7-26　现场拍摄图片
(i) 残采区域浆体—矸石黏结良好 1；(j) 残采区域浆体—矸石黏结良好 2；
(k) 残采区域大块矸石冒落；(l) 采煤机截割残采区域

(1) 工作面绝大多数时间回采情况良好。$3^\#$ 煤层较硬，工作面回采高度较小，工作面煤壁平直、稳定，残采区域占工作面范围有限，影响范围有限。

(2) 残采区域不同阶段对工作面影响形式不一。从工作面揭露残采区域情况看，工作面与残采区域有垂直、平行、斜交 3 种形式，其中以垂直方式影响范围、影响程度最小，平行方式影响范围、影响程度最大。

(3) 残采区域冒落形态不一。工作面揭露残采区域时，有时揭露区域为全矸区，有时为半煤半矸区，下部为煤，上部为矸，说明原巷式开采时，开采高度不定，有时留有顶煤，有时不留顶煤，残采区域内顶板冒落高度不定，冒落形态不一。

(4) 浆体基本上将残采区域内空洞、裂隙填实充满。残采区域注浆量极大，最终以注浆压力过大而停注，从工作面揭露情况看，残采区域内浆体与煤岩体结合紧密，循环钻进分次成孔方法效果明显，将破碎带逐一注满，最终注浆方式和注浆压力设计合理，注浆效果良好。

(5) 浆体与小块矸石黏结性好，与大块矸石黏结性差。浆体之间形成纽带、骨架、网兜作用，将质量较轻的小块包裹起来，小块矸石稳定性较好，回采过程中不会发生大范围冒落，煤壁顶板情况良好。而大块矸石自身质量较大，占据空间大，浆体"微乎其微"，当煤壁顶板揭露时，不足以维持其稳定性，容易发生片帮、冒顶。一般矸石块直径在 $200\sim300$ mm 以下浆体基本上能够维持其稳定性。

(6) 工作面发生过冒顶。工作面绝大部分时间回采正常，小范围、少量片帮冒顶不影响溜子正常运转，发生过 1 次较严重的冒顶，见图 7-26(k)，大块矸石将溜子压实，被迫停产处理 3 d，根据现场观察到的情况，主要原因有二，一是冒落矸石大部分为大块矸石，本身与浆液黏结性较差,二是观察到浆液较少,可能因为巷道内打孔时立柱影响导致孔间距过大,浆液扩散不够,或者大块矸区打钻困难未能有效注浆造成。

(7) 整体注浆加固效果较好。浆体将大部分空洞、裂隙填满,并较好地将破碎煤岩块体黏结在一起,提高了煤岩体的整体性,截割过程中煤壁平直,注浆加固取得了比较理想的效果。

参 考 文 献

[1] 国家发展改革委. 煤炭工业发展"十三五"规划. www. China-nengyuan. com/news/103030. htmL.

[2] 王金华. 特厚煤层大采高综放工作面成套装备关键技术[J]. 煤炭科学技术,2013, 41(9):1-5.

[3] 王家臣. 我国综放开采技术及其深层次发展问题的探讨[J]. 煤炭科学技术,2005, 33(1):14-17.

[4] 王学军,钱学森,马立强,等. 厚煤层大采高全厚开采工艺研究与应用[J]. 采矿与安全工程学报,2009,26(2):212-216.

[5] 袁永,屠世浩,王瑛,等. 大采高综采技术的关键问题与对策探讨[J]. 煤炭科学技术, 2010,38(1):4-8.

[6] 王家臣. 厚煤层开采理论与技术[M]. 北京:冶金工业出版社,2009.

[7] 2014 年中国煤炭探明储量及储产比,2015 年 BP 世界能源统计年鉴[R]. BP 能源公司,2015.

[8] 中华人民共和国国家统计局. 中国统计年鉴 2014[M]. 北京:中国统计出版社,2014: 115-117.

[9] 钱鸣高,许家林,缪协兴. 煤矿绿色开采技术[J]. 中国矿业大学学报,2003,32(4): 343-348.

[10] Vijayajothi Paramasivam, Tan Sing Yee, Sarinder K Dhillon,et al. A methodological review of data mining techniques in predictive medicine:An application in hemodynamic prediction for abdominal aortic aneurysm disease[J]. Biocybernetics and Biomedical Engineering,2014(34):139-145.

[11] Assous F,Chaskalovic J. Indeterminate constants in numerical approximations of PDEs:A pilot study using data mining techniques[J]. Journal of Computational and Applied Mathematics,2014,270(11):462-470.

[12] Gang Li, Rob Law, Huy Quan Vu,et al. Identifying emerging hotelpreferences using Emerging Pattern Mining technique[J]. Tourism Management,2015(46):311-321.

[13] Manolis Chalaris, Stefanos Gritzalis, Manolis Maragoudakis,et al. Improving Quality of Educational Processes Providing New Knowledge Using Data Mining Techniques[J]. Procedia-Social and Behavioral Sciences,2014(147):390-397.

[14] 柏建彪,侯朝炯. 空巷顶板稳定性原理及支护技术研究[J]. 煤炭学报,2005,30(1): 8-11.

[15] 周海丰. 大采高工作面过大断面空巷切顶机理及控制技术[J]. 煤炭科学技术,2014,

42(2):120-123,128.

[16] 刘畅,弓培林,王开,等.复采工作面过空巷顶板稳定性[J].煤炭学报,2015,40(2):
    314-322.

[17] 王俊杰,曹建波,吴怀国,等.泵送充填式支柱在大采高工作面过空巷支护应用研究
    [J].煤炭科学技术,2016(44):76-79.

[18] 邓保平.汾西新柳煤矿小煤窑破坏区复采技术研究[D].北京:中国矿业大学(北
    京),2013.

[19] 张效彪.不规则顶分层破坏区下矿压规律及回采方法研究[D].北京:中国矿业大学(北
    京),2013.

[20] 熊祖强,范传河,袁印.空巷似膏体材料充填技术研究[J].煤炭科学技术,2015,43(5):
    13-16.

[21] 熊祖强,袁印,胡黎明,等.残采区域空巷充填系统设计[J].煤矿安全,2015,46(10):
    76-79.

[22] 康红普,姜鹏飞,蔡嘉芳.锚杆支护应力场测试与分析[J].煤炭学报,2014,39(8):
    1521-1529.

[23] 康红普.我国煤矿巷道锚杆支护技术发展 60 年及展望[J].中国矿业大学学报,2016,
    45(6):1071-1081.

[24] 王成,丁子文,陈晓祥.上行开采顶板裂隙带巷道失稳过程物理模拟[J].中国安全科学
    学报,2017,27(6):127-132.

[25] 刘畅,弓培林,王开,等.长壁复采面连续过空巷耦合支护机理研究[J].矿业研究与开
    发,2015,35(4):38-41.

[26] 谢生荣,李世俊,魏臻,等.综放工作面过空巷支架-围岩稳定性控制[J].煤炭学报,
    2015,40(3):502-508.

[27] 周海丰.大采高工作面过大断面空巷切顶机理及控制技术[J].煤炭科学技术,2014,
    42(2):120-128.

[28] 武越超,韦志远,谭英明,等.空巷影响下回采巷道围岩稳定性及支护设计研究[J].煤
    炭科学技术,2016,44(5):128-132.

[29] 崔满堂.资源枯竭型矿井残留煤柱群安全高效回收技术研究[D].徐州:中国矿业大
    学,2015.

[30] 何向宁,陈勇,秦征远.综放工作面过空巷技术研究及应用[J].煤炭科学技术,2017,
    45(6):124-130.

[31] 王晓蕾,秦启荣,熊祖强,等.层次注浆工艺在松软巷道破碎围岩加固中的应用[J].地
    下空间与工程学报,2017,13(1):206-212.

[32] 王晓蕾,秦启荣,熊祖强.破碎围岩注浆加固扩散机理及应用研究[J].科学技术与工
    程,2017,17(17):188-193.

[33] 王振峰,周英,孙玉宁,等.新型瓦斯抽采钻孔注浆封孔方法及封堵机理[J].煤炭科学
    报,2015,40(3):588-595.

[34] 刘泉声,卢超波,刘滨,等.深部巷道注浆加固浆液扩散机理与应用研究[J].采矿与安
    全工程学报,2014,31(3):333-339.

[35] 张庆松,张连震,张霄,等.基于浆液黏度时空变化的水平裂隙岩体注浆扩散机制[J]. 岩石力学与工程学报,2015,34(6):1198-1210.

[36] 李术才,张伟杰,张庆松,等.富水断裂带优势劈裂注浆机制及注浆控制方法研究[J]. 岩土力学,2014,35(3):744-752.

[37] 王家臣,杨印朝,孔德中,等.含夹矸厚煤层大采高仰采煤壁破坏机理与注浆加固技术 [J].采矿与安全工程学报,2014,31(6):831-837.

[38] 杨志全,牛向东,侯克鹏,等.流变参数时变性幂规律型水泥浆液的柱形渗透性注浆机 制研究[J].岩石力学与工程学报,2015,34(7):1415-1424.

[39] 张晓明,陈峰,梁广峰,等.防膨胀软岩注浆材料试验及应用研究[J].岩石力学与工程 学报,2017,36(2):457-465.

[40] 张连震,张庆松,张霄,等.动水条件下渗透注浆扩散机理研究[J].现代隧道技术, 2017,54(1):74-82.

[41] 李建杰,丁全录,佘海龙.硫铝酸盐-铝酸盐水泥体系高水充填材料的研制试验[J].煤 炭学报,2012,37(1):39-43.

[42] 付进秋.铝酸盐基超高水充填材料的制备研究[D].徐州:中国矿业大学,2015.

[43] 熊祖强,刘旭峰,王成,等.资源整合矿井复采面垮落废巷注浆加固技术研究[J].中国 安全科学学报,2016,26(11):104-109.

[44] 熊祖强,陈兵,张建峰.大采高工作面末采防片帮注浆加固技术[J].煤炭技术,2017,36 (01):14-16.

[45] 熊祖强,刘旭峰,王成,等.高水巷旁充填材料单轴压缩变形破坏与能耗特征分析[J]. 中国安全科学生产技术,2017,13(1):65-70.

[46] 刘旭峰,熊祖强,刘成威,等.新型注浆材料综合锚注治理大巷底鼓技术[J].煤炭科学 技术,2016,44(11):188-193.

[47] 熊祖强,姜涛,李东华,等.古书院矿似膏体充填材料配比及其力学性能[J].煤矿安全, 2017,48(12):67-69.

[48] 韩建国,闫培愈.碳酸锂对硫酸盐水泥水化特性和强度发展的影响[J].建筑材料学报, 2011,14(1):6-9.

[49] 丁玉,冯光明,王成真.超高水材料基本性能试验研究[J].煤炭学报,2011,36(7): 1087-1092.

[50] 贾凯军,冯光明,李华健,等.薄煤层超高水材料充填开采相似模拟试验研究[J].煤炭 学报,2013,38(增):267-271.

[51] 罗武贤,任海兵,王琳.多位态空巷超高水材料充填技术与实践[J].矿业工程研究, 2014,29(1):58-62.

[52] 王保龙.泵送充填支柱材料技术实验室试验分析[J].能源技术与管理,2017,3(28): 77-87.

[53] 韩昌良,张农,阚甲广,等.沿空留巷"卸压-锚固"双重主动控制机理与应用[J].煤炭学 报,2017,42(S2):323-330.

[54] 秦征远.欣源矿综采工作面过空巷充填技术研究[D].徐州:中国矿业大学,2017.

[55] 原野.残煤长壁综放支架适应性研究[D].太原:太原理工大学,2016.

［56］孙强,张吉雄,巨峰,等.固体充填采煤矿压显现规律及机理分析[J].采矿与安全工程学报,2017,34(2):310-316.

［57］何满潮.深部软岩工程的研究进展与挑战[J].煤炭学报,2014,39(8):1409-1417.

［58］张吉雄,张强,巨峰,等.深部资源采选充绿色化开采理论与技术[J].煤炭学报,2018,43(2):377-389.

［59］王大鹏,刘前进.沙坪煤矿 8# 上煤极近距离跨空巷回采技术[J].煤矿安全,2016,47(11):146-154.

［60］张小强.厚煤层残煤复采采场围岩控制理论及其可采性评价研究[D].太原:太原理工大学,2015.

［61］徐忠和.旧采残煤的资源、综采方法与矿压规律研究[D].太原:太原理工大学,2016.

［62］李化敏,蒋东杰,李东印.特厚煤层大采高综放工作面矿压及顶板破断特征[J].煤炭学报,2014,39(10):1956-1960.

［63］马念杰,郭晓菲,赵希栋,等.煤与瓦斯共采钻孔增透半径理论分析与应用[J].煤炭学报,2016,41(1):120-127.

［64］刘少伟,尚鹏翔,张辉,等.煤矿软弱围岩巷道锚杆孔钻扩机理与试验[J].煤炭学报,2015,40(8):1753-1750.